U0334571

十里洋场外滩秀

王承 著

同济大学出版社·上海

图书在版编目（CIP）数据

十里洋场外滩秀 / 王承著 . -- 上海 : 同济大学出版社，2023.7
（城市风景线 / 王承主编 . 徒步上海）
ISBN 978-7-5765-0865-9

Ⅰ . ①十… Ⅱ . ①王… Ⅲ . ①建筑艺术 - 黄浦区 - 近代 Ⅳ . ① TU-862

中国国家版本馆 CIP 数据核字 (2023) 第 120307 号

十里洋场外滩秀

王承　著

责任编辑：武蔚 | **责任校对：**徐逢乔 | **装帧设计：**完颖

出版发行：同济大学出版社 www.tongjipress.com.cn
（地址：上海市四平路 1239 号　邮编：200092　电话：021-65985622）
经　销：全国各地新华书店、建筑书店、网络书店
印　刷：上海安枫印务有限公司
开　本：889mm×1194mm　1/24
印　张：5 1/6
字　数：161 000
版　次：2023 年 7 月第 1 版
印　次：2023 年 7 月第 1 次印刷
书　号：ISBN 978-7-5765-0865-9
定　价：75.00 元

建筑与城市是人类文明进程中最独特的风景
在漫长的时间堆叠中
延展出一条条缤纷的风景线
我们徒步于此
再次触碰历史的余温
一起展望未来无尽的可能

序

城市的风景，抛开烦琐的理论探究，大致可以分为两类：一类是时尚的现代都市风光，一类是斑驳的历史遗存风情。前者是当下建筑审美和技术的直接体现，后者则留存着城市的一段记忆，给予我们一份参照。与自然风景不同的是，城市风景是一种人造景观，或者说，是人在自然基底上的有意识创造。城市风景既有建筑、广场、街道这些纯粹的“人造物”，也包含花草、树木、河流这些自然元素，另外，人的活动也是城市风景中不可或缺的组成部分。城市风景随着城市的发展而不断变化，包含各个时代人们对自然的利用、对场所的理解和对自身能力的发挥……这些信息不断累积，才形成城市现在的模样。因此，欣赏城市风景，从某种意义上说，就是对城市过去和现在的阅读。

作为一名研究建筑历史的专业人员和教育者，我经常思考如何能将专业知识用有趣的形式呈现出来。“专业”与“科普”并非泾渭分明的两条不同道路。精细化的研究，不断地产生新的发现，既补充和完善原有的专业理论，同时也为科普提供更多、更新的见解。阅读城市，并非一定要严苛地以学术的标准来辨析和讨论，借助一些观察方法，可以让每个人都饶有兴趣地开启一段漫游城市之旅。这种方法，不是要将建筑或园林专业中的那些理论罗列出来，而是在错综复杂的城市风景中，切出一个个“剖面”，通过对专业理论适当的介绍和解析，帮助更多人化繁为简地去理解和欣赏其中的美好。所挑选的个体，可能与某个时代的风格和技术有关，也可能基于美学上的一些永恒性原则，甚至仅仅是因为它们经受住了时间的考验……尽管这些个体创作的时代不同、形式迥异，但它们显然是城市风貌和特性的组成部分。通过精心设计的步行线路，作者用穿针引线般的叙述建立起这些个体间的关联，从而将城市中散落的片段，串联成熠熠生辉的“风景线”。

漫游城市的过程需要中国传统的那种“游园”精神：用一种从容、悠闲的心态，将多层次而且复杂的场景转化成一段往复折返的线性体验。“游”字本就有“不固定”之意，旨在提醒人们在观赏过程中应该具有开放的观察视角，以便获得随性的个体感悟。

我很高兴看到建筑师全力参与这套城市建筑文化科普丛书的制作。书中既图文并茂地传达了丰富的有关城市和建筑的专业知识，又能给予读者一些有所关联的艺术启发。随着时代的发展，人们的观念和认知角度也在不断发生变化，但基本的专业知识是正确认知的第一步。这套丛书将带领读者用新的眼光去审视那些习以为常甚至是“熟视无睹”的城市角落，这种眼光上的变化，实际意味着意识上的变化。当知识不再被视为高不可攀的、沉重的包袱时，人们将更鲜活地感受到这些近在咫尺的城市风景所拥有的勃勃生机。

片片白雲就在這藍天裏。

路秉杰

前言

“怎么欣赏上海建筑？”这是我身边非专业的亲朋好友经常提出的问题。建筑是城市不可或缺的组成部分，城市的风景很大一部分也和建筑关联在一起。我们生活在建筑中，每日与无数的建筑擦肩而过，它们的光影与传奇，铭刻成我们对这座城市的认知。

然而，对建筑的认知无法做到一目了然。它为何被设计成这样？建筑的美体现在哪里？时代的发展对建筑有影响吗？建筑细节中蕴含了怎样的历史故事？懂得一些阅读建筑的方法，可以帮助我们更好地欣赏建筑。

这是一本轻松的书，主要关注如何通过阅读建筑的细节和风格来欣赏建筑。同时，我们也要注意到，时代的背景、技术的发展以及人们的观念……都会在建筑上留下印记。因此，欣赏建筑，既是一次艺术的体验，也是对一段历史的回顾。

本书中所记录的 24 栋建筑都位于上海外滩。在上海的地名命名习惯中，位于河流上游的地方被称为“里”，位于河流下游的地方被称为“外”，例如根据河流流向，虹口港上的汉阳路桥、长治路桥、大名路桥也有“里虹桥”“中虹桥”“外虹桥”之称；由于黄浦江过陆家浜后已属河流下游，因而浦西沿岸滩地被称为“外滩”。1843 年上海开埠后，侨民称外滩为“The Bund”。Bund 来自印度语，泛指东方及亚洲国家的沿江之地。据史料记载，由于英、法租界各占据了外滩的一部分，当时有“英租界外滩”和“法兰西外滩”的称谓之分。今天所说的“外滩”（The Bund）通常只是狭义地指原英租界（后为公共租界）内的一段黄浦江沿岸，即从延安东路至苏州河之间约 1000 米的滨江地带。外滩作为近代上海“十里洋场”中最早开发和最先繁华的地方，是租界的中枢和门面——上海最早的西式建筑，以及最早的银行、公园、俱乐部、英文报社等，都率先在这里出现。外滩的演变见证了上海从开埠到逐渐发展为全中国乃至亚洲经济、贸易和金融中心的全过程。简而言之，外滩浓缩了近代上海的发展史。

外滩原是一片芦苇丛生、潮来潮往的滩涂地，因为水陆交通方便，成为租界最初的“落脚点”。1845 年，划定英租界时，“外滩是一条拉纤小道，还有几十码宽的滩涂，在潮水的涨落中时隐时现”（兰宁等，2020）。随着第一批洋行和侨民的到来，1847 年，

“英国式的城市象（像）通过魔术般地建立起来了，它真是一个奇迹。这里建筑的不是欧式房屋，而是各种式样的宫殿”（梅朋等，1983）。1848 年，英租界用鹅卵石、煤屑铺设滩路（曾名“扬子路”“黄浦路”，即现在的中山东一路），并且“浦滨一带率皆西人舍宇，楼阁峥嵘，缥缈云外，飞甍画栋，碧槛珠帘”（王韬，2004）。1852—1862 年的 10 年间，外滩的地价涨了 200 倍。从 1865 年起，外滩开展了一系列的市政建设：安装路灯、铺设人行道、种植行道树、开辟花园等。1870 年之后，外滩成为上海的标志性区域。1893 年 11 月，公共租界庆祝上海开埠 50 周年，“在外滩，一幅标语写着：‘世界何处不知上海？’”（白吉尔，2014）。及至 1937 年，外滩的地位愈加显赫，“城市的荣光都在外滩，它……甚至是上海的象征”（布里赛，2014）。在将近一个世纪的时光中，外滩从西侨的临时性江边居留地转变为这座城市的标志，集中体现了近代上海城市化的历程。

在租界区域中，外滩地价一度疯狂飙升，而随着土地产权的转让和兼并，外滩的建筑也经历了多次更新。由于特殊的地理位置、相似的建筑类型，以及更迭翻建中的有意识竞争，使得这些建筑集中且完整地反映了近代上海建筑风格流行与转换的全过程。在经历 19 世纪中叶的初创、19 世纪末至 20 世纪初的繁荣、20 世纪二三十年代的鼎盛，以及 20 世纪 40 年代的发展尾声后，外滩最终成为上海一条独一无二的滨江风景线。存留至今的外滩建筑，代表了中国近代建筑发展的最高水平，是一份珍贵的不可再生的人类文化遗产。

建筑不仅因为自身的独特风格而具有艺术价值，也因为承载着重要的历史文化、寄托着人们的情感而具有人文价值。历史建筑的衰败和重生见证了城市发展的沧桑变化，赋予建筑更丰富的内涵。这就是我们阅读建筑的意义。

建筑需要现场体验。现在，就让我们带上书，在城市中徒步，偶尔驻足，阅读建筑。建筑之美将穿越时空，直抵我们内心。

目录

历史建筑徒步线路图

本书设定的徒步历史建筑观光路线位于上海外滩。24栋精彩纷呈的近代建筑犹如“万国建筑博览会”，带领我们追寻近代上海百年来建筑风格发展的历史轨迹。

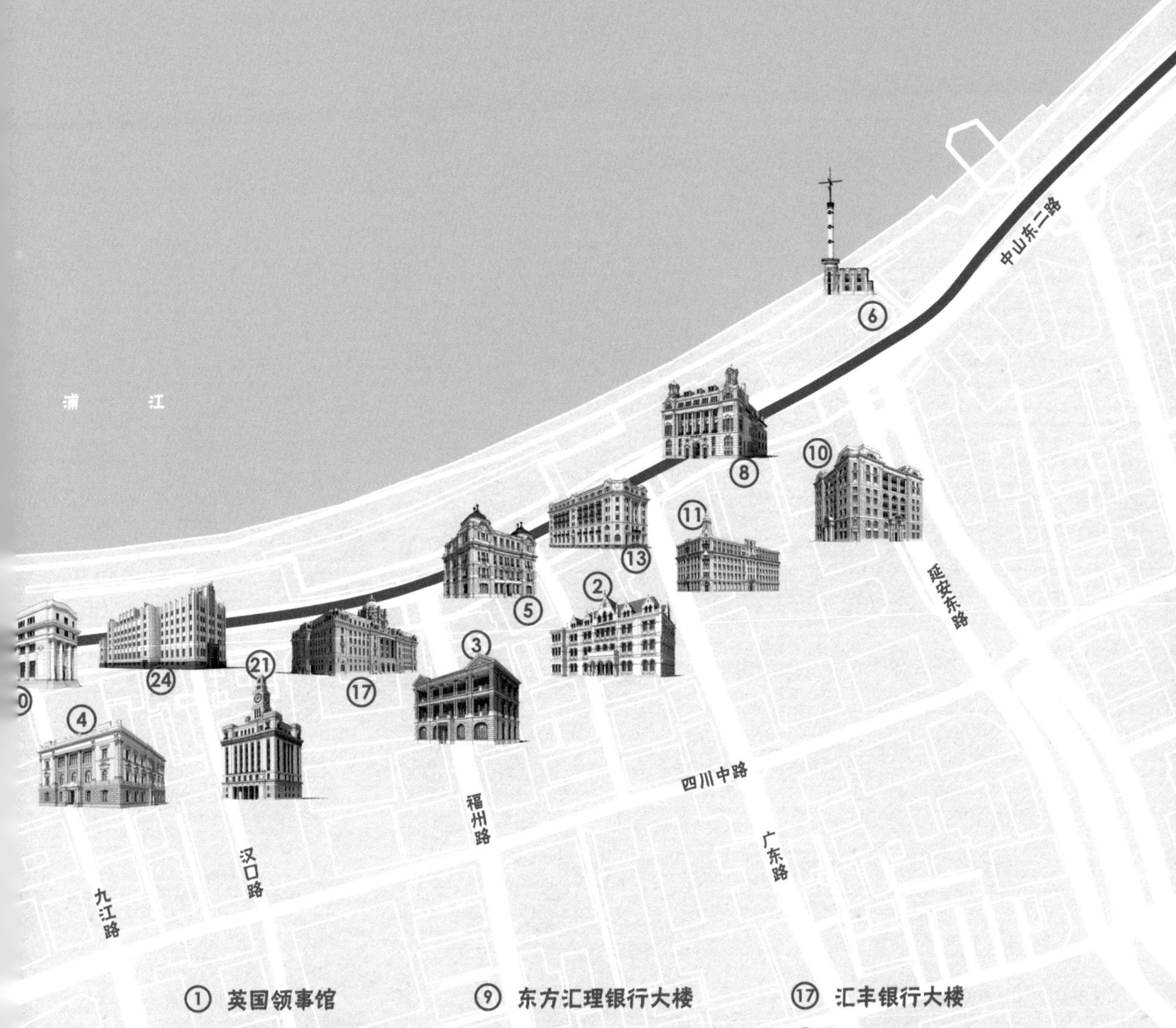

① 英国领事馆
② 中国通商银行大楼
③ 轮船招商总局大楼
④ 华俄道胜银行大楼
⑤ 大北电报公司大楼
⑥ 洋泾浜气象信号台
⑦ 汇中饭店
⑧ 上海总会
⑨ 东方汇理银行大楼
⑩ 麦边大楼
⑪ 联保大楼
⑫ 杨子大楼
⑬ 日清大楼
⑭ 格林邮船大楼
⑮ 怡和洋行
⑯ 麦加利银行大楼
⑰ 汇丰银行大楼
⑱ 字林西报大楼
⑲ 横滨正金银行大楼
⑳ 台湾银行大楼
㉑ 江海关大楼
㉒ 沙逊大厦
㉓ 中国银行大楼
㉔ 交通银行大楼

1

外滩源

英国领事馆（British Consulate General）

地址：中山东一路 33 号

建成时间：1873 年

设计：博伊斯

开埠后的最初 5 年，英国领事馆设在上海老城厢内。1846 年，首任驻沪领事巴富尔（George Balfour）选定苏州河与黄浦江交汇处的这块地作为新领事馆基址，由其继任领事阿礼国（Rutherford Alcock）正式购入，“其时黄浦滩英总领事馆之旧址乃一营垒，半就荒圮，四周有沟围绕”（胡祥翰，1989）。这块原被称为“李家场”的地方曾部署清军炮台，在鸦片战争时期，还在英军占领上海县城之前与其进行过最后一次炮战。

1849 年，新英国领事馆落成，但在来年的台风中，它轰然倒塌；1850 年，重建领事馆，然而 1870 年的一场大火，又将该馆烧毁；现在所见建筑，是领事馆第三次重建后的样貌。它平面呈 H 形，是英国领事馆与英国在华及在日最高法院（British Supreme Court for China and Japan）的“综合办公楼”。

租界初期建造的一批房子，大多数都没有经过正规的设计，是侨民自己绘图，中国工匠就地取材，摸索着建造起来的。建筑形式呈现一种固定模式，都是“外面粉刷得雪白，底下两层楼外面周围是配置着大拱门的敞开游廊，挑出的屋檐掩盖着顶上的两层或三层”（墨菲，1986）。这种最先“落沪”的西式建筑风格，即殖民地外廊式建筑风格[1]，也被称为“康百拉都式”（Compradoric）。然而，英国领事馆是租界早期少见的由专业建筑师设计建造的案例：立面上连续的拱廊[2]，虽然带有强烈的殖民地外廊式建筑特征，但建筑师在此基础上增加了更细致的分割和形体变化，塑造了其带有文艺复兴建筑风格[3]的那份端庄，从而摆脱了旧式立面的单调感。

在近代上海外国领事馆的建筑中，英国领事馆建立得最早，占地也最大——其占地面积曾达到 137.967 亩（约 9.2 公顷）——东至中山东一路，西至虎丘路，南至北京东路，北至苏州河。英国领事馆曾多次卖地，除用于修建圆明园路外，在被卖出的众多地块上，日渐建造起宗教、文娱和市政等多类建筑，它们围绕英国领事馆形成城市空间的新中心——这就是今天“外滩源”称谓所囊括的区域。

英国领事馆是外滩唯一拥有周边大片绿地的建筑，呈现出与其后建造的其他国家领事馆明显不同的气势。“……如果有人首次正式进入上海，经过外白渡桥时，他必定会赏心悦目地看到一边的外滩公园和另一边幽静典雅、宽敞硕大的英国领事馆院落。与俄国总领馆最近建立起来的挤压在礼查饭店和黄浦江间的漂亮建筑一比较，人们就看出了在上海捷足先登的优越性”（库寿龄，2020）。

❶ 建筑中间段的形体有意比其两侧凸出或凹进，以加强整体的对称式构图；建筑一、二层的半圆形券[4]与平券[5]交错布置，比单一连续拱廊的殖民地外廊式建筑立面更加生动。

❷ 通过历史照片可以看到，在实际使用中，外廊很早就用窗户进行了封闭，这说明上海的气候与殖民地外廊式建筑原产地的热带不同，并不需要用外廊遮阴。

❸ 变化的、带有装饰性的拱顶石[6]的出现，表明西方古典建筑元素在此被刻意移植。

❹ 上下两层间贯通的比较夸张的装饰线脚，强调了建筑的水平感，有意与殖民地外廊式建筑区分开。

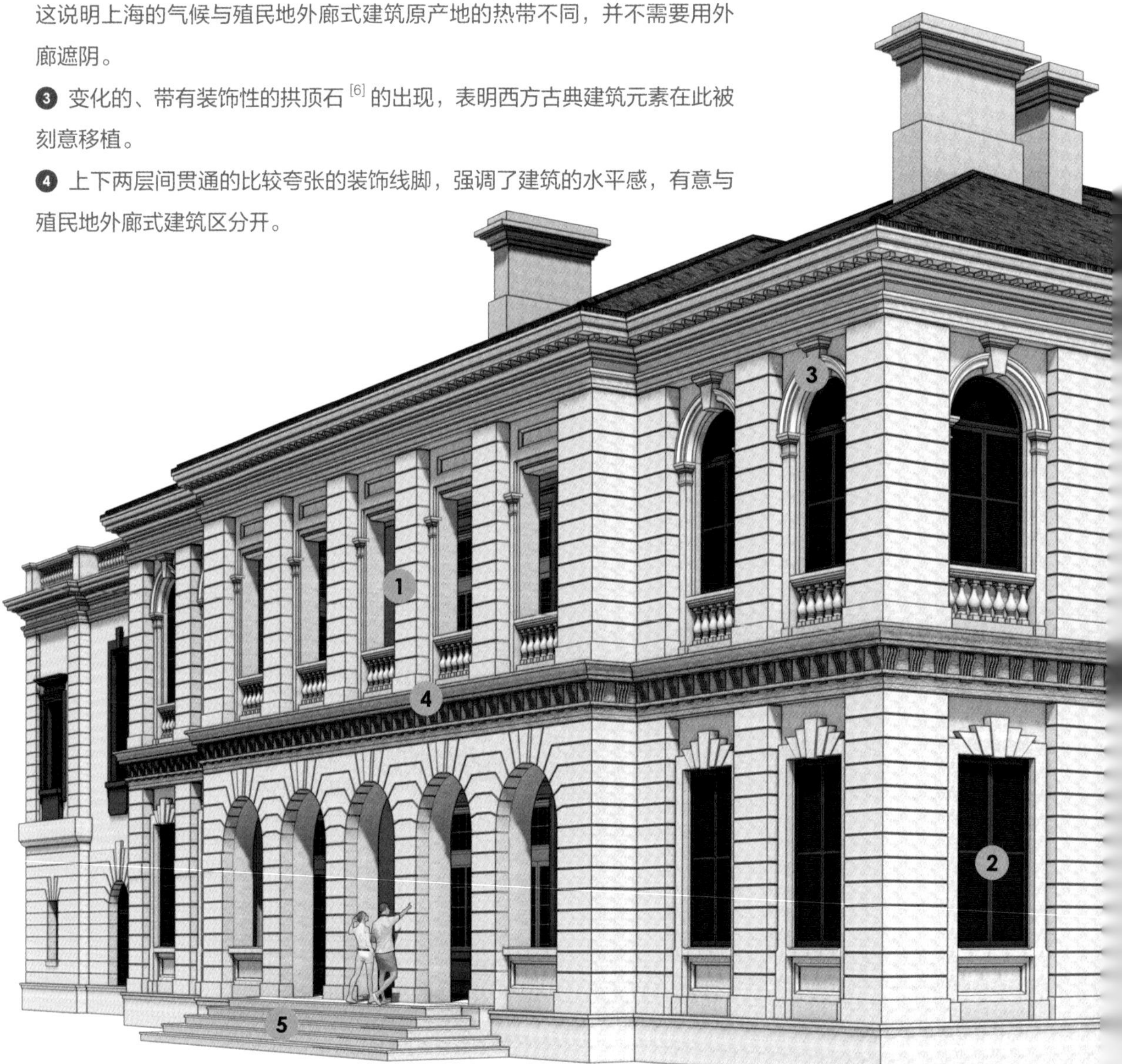

❺ 建筑台基较高，南立面采用大台阶强调入口，东立面则采用平台来面对绿地。

❻ 建筑具有良好的尺度比例关系，高敞且舒展。层高较高，两层檐口高度约为 12 米。

英国是最早承认中华人民共和国并建立两国外交关系的西方国家之一。1949 年后，上海英国领事馆仍在原址运作，直至 20 世纪 60 年代，因中东国际形势问题，英国曾一度撤销驻上海领事，中国政府接管英国领事馆址。

2

城堡范儿

中国通商银行大楼（Commercial Bank of China Building）

地址：中山东一路 6 号

建成时间：1890 年前

设计：玛礼逊洋行

随着租界的发展，逐渐站稳脚跟的侨民，开始考虑在上海进行长久经营。建造气派的建筑，不但能展现实力、增加威望，在日益繁华的外滩，这样的建筑还有利于出租，带来额外的收益。各个洋行已不再满足那种简陋的殖民地外廊式建筑，“开始把拥有一座‘正宗’的欧式的建筑当作自己追求的目标”（伍江，1997）。

开埠之初，像英国领事馆那样聘请远在英国的建筑师设计房子，在时间和费用上非一般侨民和洋行所能承受。从 19 世纪 70 年代起，西方正规职业建筑师开始在上海开办事务所，欧洲本土建筑风格开始登陆上海。玛礼逊洋行是上海“前摩登”时代重要的设计机构之一，其设计的作品集中在 19 世纪 80 年代到 20 世纪 10 年代。在这栋大楼的设计中，玛礼逊洋行把哥特复兴建筑[7]风格——当时在英国的公共建筑中正炙手可热——引入外滩。无数向上升起的角塔和异常陡峭的坡顶，一起形成了童话般的天际线，改变了彼时外滩那种低矮、平稳的水平向轮廓，将人们的视线引向天空，并用城堡般的形象坚固观者的信心。如果你仔细看，不难发现这栋建筑依然残存着殖民地外廊式建筑的痕迹——它二、三层的东立面原是通长的外廊。

这栋楼是旗昌洋行（Russell & Co.）在 1890 年之前盖起来的。旗昌洋行是美国在中国最早设立的企业，在 19 世纪上半叶把控了中国沿海各口岸和长江各商埠的航运。在外滩一带，旗昌洋行“建造了大量仓库和栈房，坚固得像堡垒一般”（鲍威尔，2010）。洋行将基地上原有的两幢仓库拆除一半，合并东侧的花园用地来建造此楼。大楼建成后除了自用外，大部分用于商业出租。然而，坚固的“城堡范儿”也未能一直守护住旗昌洋行的兴旺：1891 年 6 月 3 日，旗昌洋行宣告破产，并出售大楼。

1896 年，督办铁路总公司事务大臣盛宣怀奏请开设银行，认为“非急设中国银行，无以通华商之气脉，杜洋商之挟持”。1897 年 5 月 27 日，中国通商银行在上海开办。这是中国人自办的第一家银行，也是上海最早成立的华资银行。经过多方辗转，这栋楼最终成为中国通商银行的总部所在。

❶ 角塔是一种挑出墙面或位于建筑转角处的垂直小型塔楼，在这里仅起装饰作用。

❷ 券的种类繁多，此建筑的各层窗洞自上而下渐次采用了尖券[8]、平券、弓形券[9]、半圆形券，如此的罗列似乎显现着一种炫耀的心态。

❸ 使用各种形式的卷叶饰是哥特建筑[10]的一个特点。这里柱头上可以看到源自科林斯柱式[11]的元素，但做了简化和变形。

❹ 1921 年建筑翻建时，把原来青红砖混砌的清水砖墙[12]改为砂浆抹灰墙面，同时还增建了大楼的南翼。之后，这种对周边空间侵占性的加建问题成为工部局外滩建设管理的施政重点。

❺ 异常高耸的屋顶阁楼，穿插多个小屋顶，并在山墙面顶端点缀锥形饰物，与多个角塔一起，营造向上的视觉效果。这是典型哥特复兴建筑风格的特征。

❻ 主入门廊侧面的三叶形券[13]支撑在一个悬挑的梁托上，成为建筑细部设计的一个亮点。

建筑高耸的屋顶使用木结构，极易遭受火灾。1893 年 4 月 7 日，该楼设于四层的厨房突然起火，“急取水浇之已无济于事，一霎时四层楼焚烧净尽，三层楼亦已延烧。第一、二层虽未被灾，然各洋龙汲水狂喷，诸物悉遭毁坏”（《申报》，1893-04-08）。

5
2
1
2
2
3
2
6
3

輪船招商總局

3

外廊尾声

轮船招商总局大楼（China Merchants Steam Navigation Co. Building）

地址：中山东一路 9 号

建成时间：1901 年

设计：玛礼逊洋行

以沙船业为内河主要传统航运业务的上海在开埠后，迎来了外资轮船公司纷纷涉足航运市场的高潮。航运既有厚利，又关系国防，是当时洋务事业的重点，有人早在 19 世纪 60 年代就在策划创办轮船航运企业。在李鸿章的推动下，1873 年，轮船招商局在上海成立，这是中国人自己经营的第一家新式轮船航运企业。

在外滩沿江的建筑中，轮船招商总局大楼的占地最小，只有 455 平方米。这栋“袖珍”大楼所在地，原先也是旗昌洋行的产业。1877 年，旗昌洋行旗下的轮船公司产业被轮船招商局全盘买下，包括福州路一侧的房产和花园；1901 年，轮船招商局在临黄浦江一侧的花园用地上建起这栋大楼。轮船招商局是中国近代国有招商业与外资进行商贸竞争的“桥头堡”，它的成立“益国益商，益于民船，益于地方”（唐振常，1989）。从某种意义上说，这栋楼是“洋务运动”后对中国最具象征性和纪念意义的建筑物之一。

轮船招商总局大楼采用比较明显的三段式[14]构图：底层为石材基座[15]；二、三层是红砖墙外附双柱[16]外廊；顶部使用完整的檐部和三角形山花[17]。设计借鉴了第一代上海总会（中山东一路 2 号，建于 1864 年，1909 年被拆除）的造型，其形式来源于 16 世纪意大利建筑师帕拉第奥（Andrea Palladio）在其名著《建筑四书》中的一些设计图样。使用古典柱式支撑外廊，能有效减弱殖民地外廊式建筑原有的那种封闭感和笨重感，与红砖的搭配则让建筑显得轻快、秀丽。在目前外滩沿线留存的建筑中，这是最后一栋将外廊式构图放在主要立面上的建筑。在它之后，虽然外廊还会在建筑上不时出现，但都无一例外地只作为一种局部和次要的点缀，不再成为建筑主要的风格特征。

殖民地外廊式建筑作为近代上海建筑历史中存续时间最长的一种西方建筑形式——自 1845 年随英租界传入，在明显不适合上海气候的情况下，仍作为建筑形式主旋律沿用半个多世纪，其背后的文化内涵不可忽视——它象征着维多利亚时期英侨引以为豪的“特权身份”。在外滩这个当时集中展现各方经济与政治权势的特殊地带，轮船招商总局大楼设计采用了相似的建筑形式，既代表着业主方想主动融入时代潮流的愿望，也隐含着要与西方势力一争高下的决心。

❶ 2001 年的建筑修缮，恢复了大楼南北两翼的山花、坡屋顶以及檐壁[18]上的花饰，但未恢复原屋顶烟囱。

❷ 大楼二、三层正立面为双柱式外廊，分别为塔斯干柱式[19]和科林斯柱式。这种分层使用不同柱式的设计手法，最早可以追溯到古罗马时期。

❸ 整个东立面上除了柱式部分为花岗岩材质外，基座、檐部和山花大量使用青石。这种石材质地较软，是当时上海建造西式建筑常用的本地石材。

❹ 檐部构成完整，但其比例和细部设计并不准确，表明当时对柱式的使用比较随意，还没有成为严谨而系统的建筑语言。

❺ 入口门楣的石雕图案采用抽象的团龙与花卉组合，具有中国传统意象。

❻ 建筑主体的外墙曾长期被水泥砂浆覆盖，直到 2001 年的修缮，才得以恢复红砖清水砖墙的外貌。

今天的福州路 17 号为当年旗昌洋行老楼，是目前已知外滩地区现存年代最早的建筑。轮船招商总局大楼西立面正中有楼梯间与老楼相连，明证二者的渊源关系。

1
6

4

古典初现

华俄道胜银行大楼（Russo-Chinese Bank Building）

地址：中山东一路 15 号

建成时间：1902 年

设计：倍高洋行

欧洲从文艺复兴开始，“比例”一直是建筑美学中占统治地位的话题，建筑师和评论家都确信各种复杂的美学概念只是对比例问题的“详述”：“古典的比例理论在于试图把建筑转换成音乐般‘和谐秩序’的概念。这种概念是通过对各部分合乎比例的组合而产生的特殊规则和原理来实现的”（斯克鲁顿，2003）。在这种理念下，三段式构图成为优美比例的基础。

虽然之前的建筑也有三段式构图的痕迹，但其划分方式更像是对殖民地外廊式建筑做的某些修正，尚未成为主导建筑风格的关键。然而，在轮船招商总局大楼建成后仅一年，一栋真正严谨的西方古典主义风格的建筑作品——华俄道胜银行大楼在外滩诞生了：大楼在纵向和横向上都清晰地被划分为三段，其中心部分不但面积最大，而且用两层通高的巨柱式 [20] 加以强调，成为建筑上明确的视觉焦点。这种完整的构图方式，既保证了建筑清晰而有节制的轮廓，又完美地体现出理性至上的设计思想。

华俄道胜银行大楼成为上海近代建筑中“最早按照西方古典主义法则严格运用柱式的案例”（郑时龄，2020）。柱式——这种继承自古希腊、古罗马时期并在随后漫长的岁月中得到不断完善的建筑语言，是古典主义建筑 [21] 的核心要素。柱式的组合性和可变性，为建筑提供了从整体到细部的多层次“塑形”方法。当人们逐渐把柱式的形式与建筑的类型、特性结合在一起时，“‘柱式’这个古典建筑语言作为内在的规范为社会的各个权力等级提供了一个强有力的、看得见的隐喻，这可能就是古典建筑语言得以广泛流传的原因”（克鲁克香克，2011）。

1895 年《马关条约》签订后，外国工业资本大规模涌入上海，出现了一个所谓“外资兴业”的时代，作为“工业血脉”的银行业也因此得到迅猛发展。银行建筑亟需一种经典的“风格”来彰显业主的财富和品位。设计华俄道胜银行大楼的海因里希·倍高（Heinrich Becker）是近代在上海执业的第一名德国建筑师，他于 1898 年来到上海，第二年成立倍高洋行。他用纯正的古典主义建筑风格赢得了这个项目的公开设计竞赛，从而拉开了外滩建筑风格全面转向西方古典传统的序幕。

此外，华俄道胜银行大楼还是外滩第一栋大量采用花岗岩建造的“石头房子”，最早使用钢骨混凝土结构 [22]，并安装、启用了中国第一台电梯……多项“最早”为其后外滩建筑的建造做了有益的探索。华俄道胜银行大楼落成后，1902 年 10 月 24 日的上海《德文新报》对其夸赞道：“德国建筑师倍高以设计这座银行大厦向亚洲的建筑界提出了新的挑战，这是上海第一幢从设计水平、材料到施工均能与欧洲建筑物媲美的楼房。”

❶ 它是上海第一座在外墙上采用饰面砖[23]的建筑。二、三层乳白色的光面砖与石材搭配，产生华丽的视觉效果，成为当时一种首创的设计手法。

❷ 建筑入口上方原有两尊青铜人物雕塑，是中国较早以现代雕塑作为建筑装饰的实例之一，可惜在“文化大革命”中被毁。

❸ 2012 年的建筑修缮恢复了半圆形券窗肩墙上的三组天使雕塑和檐口下部的四具人面像。天使雕塑使用石材；鉴于安全问题，人面像改用复合材料，外用仿石涂料喷涂。

1895 年，沙皇俄国与清政府合资成立华俄道胜银行，这是近代中国第一家中外合资银行，其总部在俄罗斯圣彼得堡，1926 年歇业。
1994 年，上海外汇交易中心进驻此楼，成为第一家通过置换进入外滩的金融机构。

❹ 柱式在建筑的多个地方使用，都有完整的檐部、柱身和基座三部分，体现了建筑师对柱式使用的严谨性。

❺ 建筑东立面第三层原是外廊，现已用窗封闭。

❻ 屋顶上使用古希腊神庙中的像座[24] 作为装饰。

5

妩媚巴洛克

大北电报公司大楼（Great Northern Telegraph Co. Building）

地址：中山东一路 7 号

建成时间：1907 年

设计：通和洋行

大北电报公司成立于 1854 年，由丹挪英、丹俄及英挪三家电报公司联合组建。1870 年，该公司与英商大东电报公司订立协作合同，开展沪港间的电报业务。1871 年 4 月，大北电报公司长达 1759 公里的港沪水线正式开通，这是外国公司在中国开通的第一条电报水线，也是中国商业电报历史的开始。1882 年，大北电报公司从旗昌洋行手中买下目前这块建筑基地，1906 年翻造新楼，并于次年完工。

外滩的建筑从 19 世纪 60 年代起，就处在不停的翻建中，“从 1845 年到 1925 年的 80 年里，外滩的房屋平均约 30 年就要翻造一次”（钱宗灏等，2005），除产权人的更替外，初期普遍二至三层的小体量建筑容量不足也是一个重要原因。在 20 世纪第一个 10 年的翻造浪潮中，这个地带的建筑高度被不断刷新，其中就以大北电报公司大楼、汇中饭店和上海总会最为典型。

华俄道胜银行大楼那种主次清晰的立面划分，在此消失了。在这栋巴洛克风格 [25] 的建筑立面上，柱式主导的构图被解体，不断重复的爱奥尼柱式 [26] 如茂密的灌木丛附着在外墙上，这种凹凸增加了建筑外轮廓的曲折，让其形体显得愈发复杂。各种形态的山花不断突破水平腰线的限制，进一步消解了建筑轮廓的完整性—— 一种流动的妩媚战胜了严谨。如果说古典主义建筑是寻求完美比例的再现，每个部分都力求是独立而完整的，那么，在巴洛克艺术中，“动荡和变化取代了完美和圆满”“力图把建筑确定在能为观者带来丰富画面的地方”（沃尔夫林，2015）。

这栋建筑最有特色的是顶上的两座穹顶 [27]。它们分散在南北两端，下方圆弧形、带牛眼窗 [28] 的山花把不太高大的鼓座 [29] 遮挡了大半，导致穹顶无法充分地“炫耀”。然而自此，穹顶代替中国通商银行大楼上那种角塔和山墙，成为新的塑造城市天际线轮廓的重要元素。

电报的发明和使用，在人类信息传递史上是划时代的大事，宣统元年（1909 年）第一版《上海指南》中称：“盖陆线接以竿，水线沉于海，无论水陆，均可传递利便，洵入神矣。”电报及后来出现的电话极大地提高了中外商品和金融市场的关联度，传统的“商业大王”——洋行的地位逐步被银行所取代，这改变了上海近代城市经济的结构。在外滩，洋行大楼更迭为银行大楼的行动正火热进行着……大约在 1920 年，大北电报公司大楼易主，被中国通商银行购置作为办公楼。

3
5
5
6
2
1
1
4

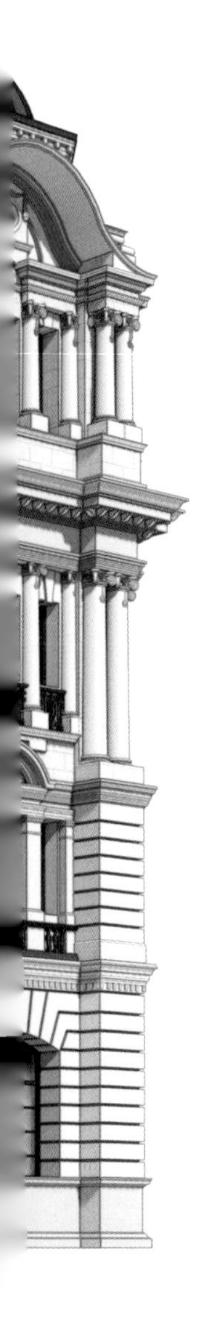

大北电报公司是中国历史上的第一家电话公司。1882 年 2 月 21 日，在这里设置了上海第一个人工电话交换所。

❶ 三角形和圆弧形的山花在立面上交替出现，这种设计手法最早出现在文艺复兴时期的建筑上。

❷ 立面端头的窗户采用帕拉第奥母题[30]，经过略微变形，以取得和本层其他窗户的协调。

❸ 经过后代的建筑修缮，现在见到的穹顶尺度已经比建造之初的样貌低矮了很多。

❹ 对比历史照片，大楼底层外立面经过较大改动：原来的建筑入口位于此处（立面的南北两侧），并非现画面上强调中心感的入口样式。

❺ 建筑三、四层的转角处使用多组爱奥尼双柱，形成华丽而丰富的转折效果；但对柱式的使用并不严谨，尤其是四层的柱式在高度明显降低情况下，柱径与柱头都未做出相应调整。柱式在这里仅作为一种装饰元素。

❻ 立面上的栏杆紧贴后方的墙体，仅作为装饰用。

6

听风者
洋泾浜气象信号台（Gutzlaff Signal Tower）

地址：中山东二路 1 号甲

建成时间：1908 年建，1927 年扩建

设计：马第

1872 年，法国天主教耶稣会建立徐家汇观象台，正式开始气象观测，这是中国境内沿海的第一座观象台。1879 年，上海遭遇强台风侵袭，造成重大损失。1884 年，为保证黄浦江上船只的安全行驶，徐家汇观象台在外滩洋泾浜（今延安东路）入黄浦江的江口设立气象信号台，气象警报与授时信号由徐家汇观象台全权发布。这是在中国领土上由外侨建立的第一个气象信号台，也是亚洲最早的气象信号台之一。

初建时的气象信号台仅在一间小屋旁竖立了一根木桅杆，桅杆上部悬挂气象警报信号旗，并有风球指示风向。在 1901 年、1906 年的台风和大雷雨中，木桅杆被毁。1907 年，由马第设计的新气象信号台破土动工。建筑基础采用木桩，上部使用钢筋水泥。洋泾浜气象信号台的主要任务是发布授时和气象信息。据相关文献记录，当时塔顶的桅杆上，有一个带有平衡锤的子午球，每天中午 12 点，子午球会准时从桅杆顶降落，以供船员校准航海钟，这即是著名的“落球报时”。

早期，洋泾浜气象信号台凭借悬挂不同的信号旗来发布气象信息；但是，由于在复杂天气条件下舞动的信号旗存在不易辨识等的问题，后改用球体、圆柱体和各种锥体形成自己的一套电码。从 1898 年起，这套电码在中国海关的大部分港口中使用，之后还两次在远东气象会议上推广，享有“电码之便捷，航用之简便，有推于世界之可能”的赞誉，并从 1931 年起，成为东亚各国海关所属港口的通用电码信号。这是现代气象预警标识的源头。

1927 年，出于使用功能上的需要，洋泾浜气象信号台增建两层小楼作为辅助用房，便成为今天所见的与圆柱状的信号塔相伴相生的样貌。建筑外墙面呈现红白相间的条纹。小楼屋顶一圈半圆形券，仿佛要脱离建筑的束缚，形成波浪一般的起伏。阳台上的铸铁栏杆自由地卷曲，浑然没有了金属的坚硬感。木门上的装饰线脚像奋力攀爬的植物藤蔓一样，缠绕着向上延伸。自然、有机的新艺术运动[31]风格，在这座建筑上显现出柔软与顽强的融合。历经与肆虐的狂风暴雨的对抗，建筑好像甩掉了所有脆弱的部分，只留下坚韧的铮铮筋骨。

1993 年，在外滩道路拓宽工程中，洋泾浜气象信号台被实施了“平移保护”——整体向东北方向平移 24.2 米，这是上海大型建筑整体移动的第一例。

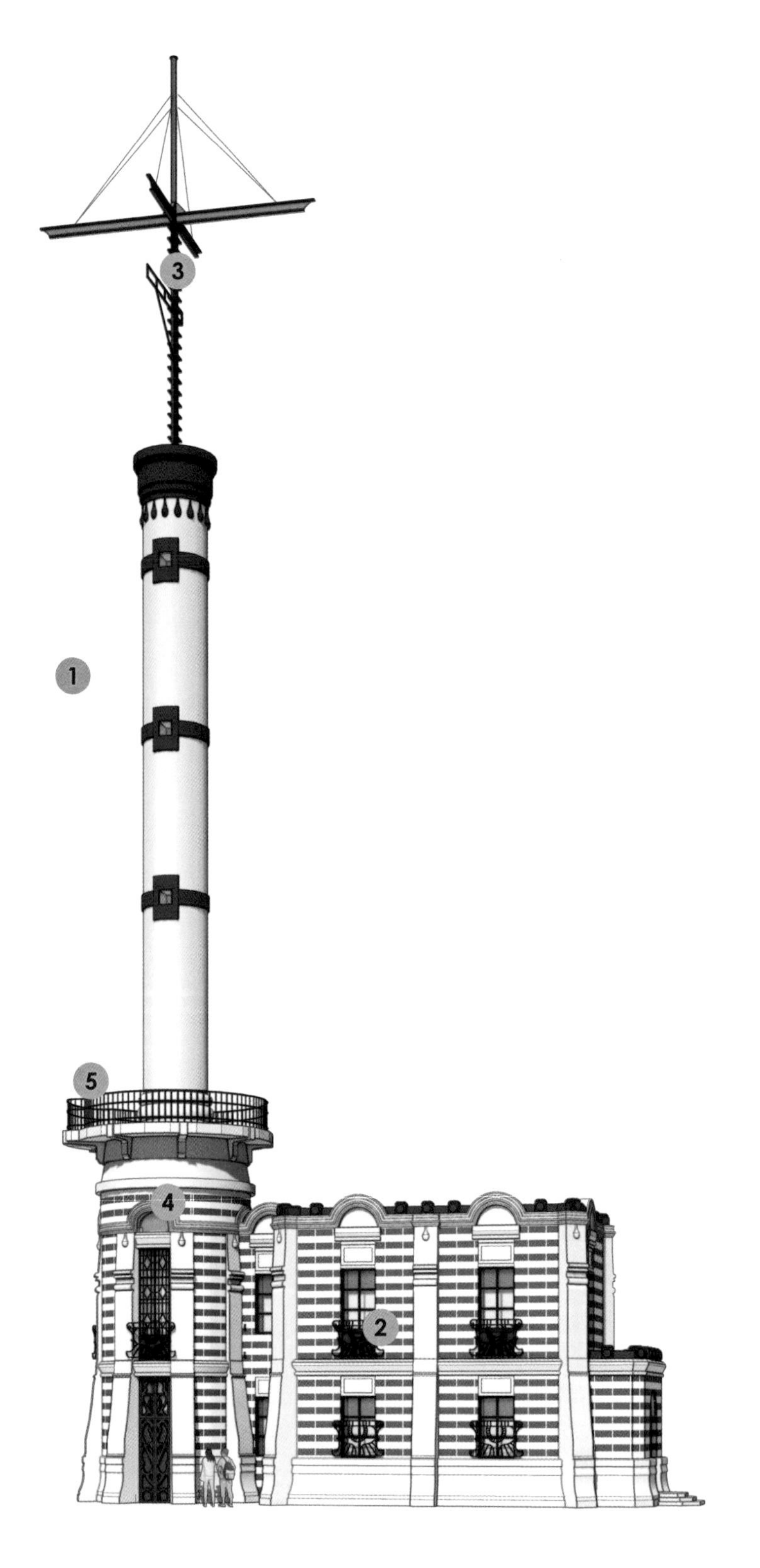
3
1
5
4
2

❶ 信号塔总高 49.8 米，是当时外滩最高的建筑，曾被誉为“远东第一高塔”。

❷ 弯曲自由的铁艺栏杆，是新艺术运动典型的特征之一。

❸ 信号塔顶部是 9 米高的桅杆，其上十字形的钢梁被用来悬挂电码信号的标记物。为确保位于不同方位的船只接收信号的准确性，这些标记物都经过精心设计，使其投影从不同角度看起来都相同。它们分别代表 0—9 的 10 个数码，通过不同的组合方式，传送有关天气的预报信息。

❹ 半圆形券从塔身一直延续到小楼的屋顶，形成小楼雉堞[32]状的女儿墙[33]。看似一种建筑元素被简单重复使用的做法，实质上却暗藏一种受力构件向纯装饰性细部的转换。

❺ 悬挑的平台，不仅起到上下两个形体间的衔接过渡作用，也提供了一个眺望江景的极佳视点。

我们熟悉的“蓝黄橙红”气象预警信号以及香港使用的热带气旋警告风球信号，都脱胎于当年外滩的洋泾浜气象信号台电码。

洋泾浜气象信号台英文名中的“Gutzlaff”指代的是普鲁士传教士郭实腊（Karl Friedrich August Gützlaff 或 Charles Gutzlaff，1803—1851，亦名郭士立、郭实猎等）—— 一个与上海乃至中国的近代史渊源深厚的人物。早在 19 世纪 30 年代，郭实腊曾多次航行中国沿海口岸，1832 年 6 月 19 日至 7 月 5 日之间，他在上海前后逗留了约半个月之久。郭实腊的成名作《1831、1832 和 1833 年三次沿中国海岸的航行日记》（*Journal of Three Voyages along the Coast of China in 1831、1832 and 1833*）在欧洲产生过巨大影响，西方学者施吕特（Hermann Schlyter）评价他的中国沿海之行“唤醒了西方世界在中国传教的热情”。关于中国，郭实腊的著述多达几十种，对增进中国与西方的相互了解起到了不可低估的作用，例如魏源编纂的《海国图志》就受益于他在 1833—1838 年出版的中文刊物《东西洋考每月统记传》。

1906
THE SWATCH ART PEACE HOTEL
23
OMEGA

7

女王驾到

汇中饭店（Palace Hotel）

地址：中山东一路 19 号

建成时间：1908 年

设计：玛礼逊洋行

1866 年，汇中饭店在南京路外滩一幢三层的带阳台的楼房中开张；1905 年，饭店所有者汇中商店有限公司决意拆旧建新，并将饭店的英文名从原来的“Central Hotel”改为“Palace Hotel”，以标榜新建筑的宏伟和豪华。新建工程的工作从 1906 年开始准备，到 1907 年老楼发生火灾后正式启动。次年，新饭店落成并开张。汇中饭店是公共租界内最著名的两家饭店之一（另一家是礼查饭店，黄浦路 15 号），也是当时举行各类政治、社会活动的首选之地，而在 20 世纪 30 年代以前，汇中饭店的圣诞大派对，一直是这座城市中规模最大、最隆重的庆典活动。

大型宾馆的出现，反映了当时上海经济的飞速发展，而建筑风格多样化的时代也随之到来。除了古典主义风格在各类金融类建筑中“安营扎寨”外，另一种更新奇夺目的建筑形式出现在商业和宾馆类建筑中，这就是诞生于英国维多利亚时代（1837—1901 年）中后期的“安妮女王复兴风格”[34]。维多利亚时代是英国经济与文化的全盛期，也是艺术发展与普及的巅峰期，艺术第一次成了中产阶级的狂热追求，正如英国设计师德雷瑟（Christopher Dresser）总结的那样，“高雅的形式是高雅心灵的表达，微妙精美的形状象征着一种犀利的知觉力量”（马尔格雷夫，2017）。安妮女王复兴风格以其鲜亮的色彩、精美的装饰、绚丽繁复的砖雕以及相对低廉的造价，受到追求品位但又财力有限的英国中产阶级的热烈欢迎，并在传入上海后迅速搅动起一场时尚旋风。20 世纪初，在外滩及附近的滇池路、圆明园路、四川中路周边出现了大量这种风格的建筑，而汇中饭店是其中翘楚，是这种风格在上海的典型案例。

正是从这栋楼开始，外滩的建筑体量开始变得越来越庞大。当沿江面宽度受限时，建筑便贪婪地沿着纵深方向发展。汇中饭店的北立面长度 80 余米，远远超过外滩之前建造的其他建筑，无疑是一个创举 —— 一家著名的设计公司马海洋行对此却持批评态度，他们写了 23 页的报告，列举该建筑存在的问题。也许，从古典的视角看，这种风格确实缺少统一的艺术思想，从而容易引发认识上的混乱；但这并不妨碍它带给人们高贵、壮观的视觉享受。从现代的视角看，这栋大楼的魅力，正是来自鸡尾酒般混合的甜蜜与醉意，而非严谨与理性。

5
6
2
2
1
3

1909 年 2 月 1 日，“万国禁烟会”在汇中饭店召开；1911 年 12 月 29 日，中国同盟会本部在汇中饭店召开大会，欢迎孙中山从海外归来。1952 年，汇中饭店歇业，1965 年，并入和平饭店。

当年汇中饭店的屋顶铺设人工草坪，是上海第一个屋顶花园。

❶ 白色与砖红色的对比，是安妮女王复兴风格的重要特点。

❷ 砖叠涩[35]出挑的砖壁柱与半圆形、三角形的小山花打造出立面上的主韵律。建筑立面的各个要素在形态和色彩的对比中，凸显丰富和动感，以达到装饰效果的最大化。

❸ 小山花中充满精致复杂的砖雕细节，体现出工艺的精湛和砖材料的良好可塑性。

❹ 主入口处的弧形山花、涡卷形托座等细节，透露出杂糅的些许巴洛克建筑风格。

❺ 1914 年的一场大火烧毁了建筑原有塔楼，现塔楼是 1998 年的重建物，但并非按原样复原。

❻ 建筑共计 6 层，从地面到檐口的高度为 90 英尺（约 27.4 米）——严格执行了当时工部局关于“建筑高度不得超过所临街道宽度一倍半”的规定。那时的南京路路面宽度为 60 英尺（约 18.3 米）。

8

风光塔亭

上海总会（Shanghai Club）

地址：中山东一路 2 号

建成时间：1910 年

设计：致和洋行

“西人于朋友聚集之处，谓之总会”（黄式权，1989）。在中国近代史中，“总会”是外侨餐饮小憩、社交聚会的主要场所，也通来自日译的“俱乐部”。1850 年，上海第一个外侨俱乐部——跑马总会成立。1852 年，侨民商议成立一个用于日常社交和娱乐活动的俱乐部，后因计划过于庞大而搁置，直到 1862 年才真正启动，这就是后来的“上海总会”。由于当时上海的侨民以英国人为主，因此上海总会也常被称为“英国总会”。上海总会采用会员制，规定只有在上海住满半年以上，且年纳税达到一定数目的侨民才有资格申请，非会员不能进出总会。上海总会是当时档次最高的侨民社交场所，成为其会员，不仅可以在总会自由出入、娱乐享受，更重要的是，这是地位和身价象征——“只要说出你常去哪个俱乐部，就能猜出你是哪类人”（布里赛，2014）。

1864 年，第一代上海总会竣工开业。外墙用红砖砌筑，三层楼正立面为外廊式，是外滩第一幢有古典柱式的建筑。1909 年拆旧建新，次年，第二代上海总会建成，并在 1911 年 1 月 6 日正式启用，成为当时上海的轰动事件。“新的高楼大厦矗立起来，其中金碧辉煌的新建筑是外滩 3 号（现为中山东一路 2 号）的上海总会，它就像抛锚在上海滩上一个巨大的水泥筏子剪彩启用了。虽然一些恋旧的大班怀念老总会大楼舒适的傍水长廊，可以在那里坐看帆去樯来，但大家都喜欢看新总会大楼正面雄伟的希腊圆柱”（霍塞，2019）。

与华俄道胜银行大楼相比，新上海总会虽然也有那种三分法与巨柱式形成的严谨立面，但它在立面构图上有更多考虑，例如大幅度加高了基座的高度，使其避免了华俄道胜银行门廊用细柱子“支撑”上部巨柱式造成的视觉上的不稳定感。新上海总会的雄伟的气势与建筑技术的进步不可分割，它是在上海尝试混凝土筏形基础[36]的首栋建筑。这种基础有效解决了建筑因土质不好而容易产生不均匀沉降的难题，为建筑造得更高、更多变化提供了保障。与坚固的基座相对应的，是大楼顶部的两座塔亭——四向透空，直指天际，光与风在其间穿梭、纠缠，充满了戏剧性的张力。

在 32.2 米高的上海总会建成后的一段时日内，一直是外滩最高、最精美的建筑。相比古典主义建筑的简洁，上海总会的立面构图更加饱满，并用垂花饰[37]、花环饰[38]等华丽的细部来丰富整体造型。它标志着外滩建筑的新时代——即将绵延 20 年的古典复兴建筑[39]风格的到来。

上海总会与美国花旗总会、法国总会合称为老上海“三大总会”。1956 年，上海总会改为海员俱乐部；1971 年，改为东风饭店。1989 年，上海第一家肯德基在建筑底层开张。
上海总会内部有一张当时号称“远东第一”的长达 110 英尺（33.5 米）的吧台。

❶ 侧门门套为三角形山花，两侧使用有收分的塔斯干柱式。

❷ 采用直线与弧线相结合的阳台铸铁栏杆，轻轻地环抱着两侧柱式，显得轻巧、欢快。

❸ 屋顶塔亭线条柔美，其下方使用方尖碑[40]形和涡卷形托座装饰，具有明显的巴洛克风格。

❹ 在两侧入口上方的镶板中，分别写着“1864”和“1910”，标记的是两代上海总会建筑的落成时间。

❺ 巨柱式在立面上确立了清晰的虚实关系，而且与退后的墙体共同塑造了一个高敞的阳台空间，为之后的外滩建筑提供了范例。

❻ 隆重的建筑正立面之外的侧立面，不但形式简化、摒弃一切装饰，而且更换使用了低造价的卵石外墙面。

5
2
4
1
6

29
Bank 中国光大银行
金融市场中心
FINANCIAL MARKETS CENTER
Bank 中国光大银行
私人银行(上海)中心
PRIVATE BANKING(SHANGHAI)CENTER
上海外滩支行
东方汇理银行大楼
营业时间
OPENING HOURS
注意台阶

9

“真石”建筑

东方汇理银行大楼（Banque de l’Indo-Chine Building）

地址：中山东一路 29 号

建成时间：1914 年

设计：通和洋行

东方汇理银行所在的地块原属于英国领事馆。1860—1862 年，太平军进攻江浙一带，大批人涌入租界避难，清·同治《上海县志》描写道：“洋泾浜上，新筑室纵横十余里，地值至亩千金，居民不下百万，商贾辐辏，厘税日旺。”租界里出现了疯狂的房地产热潮，“甚至英国领事馆也随大班们亦步亦趋，卖出了一些心爱的地块”（霍塞，2019）。1862 年，英国领事馆从自用地中分割出 11 个地块，其中卖给禅臣洋行（Sienmssen & Co.）的一块地在 1870 年被再次分割成两个地块，即东方汇理银行所在的地块与南侧的格林邮船大楼地块。狭长的建筑用地正是地块被多次分割后的结果。

东方汇理银行成立于 1875 年，是代表法国政府在海外殖民统治地设立的银行，其总部在巴黎；1888 年，将业务扩展到中国；1899 年，开设上海分行。1912 年，东方汇理银行在购得的地块上建楼，这是外滩唯一一栋由法国人出资建造的大楼。

主楼占地 730 平方米，一层为银行日常业务办公，二层、三层为住宿，中间有一个贯通 3 层的采光天井。建筑高达 21.6 米，内部空间高敞，尤其是作为基座的底层，其层高几乎占立面高度的五分之二，小楼因此有了大气势。立面使用苏州产的花岗岩贴面，是外滩现存建筑中第一栋全部使用石材面的建筑——真正的石材面，而不是砖 + 水泥砂浆的仿制品。

端详外滩诸建筑，在处理巨柱式与正常柱式之间的关系问题上，这栋建筑的解决方式算得上完美：建筑二、三层采用两根四分之三圆形的爱奥尼巨柱式构图；二层的窗处理成壁龛[41]状，用完整的较小的辅柱托起窗户上方的半圆形山花。这些辅柱的柱头装饰在立面的不同位置有所不同：中段是塔斯干式柱头，左右两段为爱奥尼式柱头。二层正中的窗采用帕拉第奥母题加以强调。立面上层次丰富的嵌套关系，避免了孤立的巨柱的突兀感，给建筑带来了丰富的“深度效应”。

设计此楼的通和洋行精于古典风格，其设计的东方汇理银行大楼、永年人寿大楼（广东路 93 号，1910 年建成）、四明银行大楼（北京东路 232-240 号，1921 年建成）都是三层的建筑，规模不大，但用材考究、装饰精美、比例严谨，是一组带有历史主义倾向的系列作品。

1
6
3
4
2
5

东方汇理银行初期的外滩行址在洋泾浜1号，该行发行的纸币作为法租界的流通货币。

❶ 这种轮廓线向外膨胀的枕垫状雕饰带，是古典柱式中檐壁的一种特殊做法。

❷ 建筑立面做法考究：基座及转角体量的石材使用水平向粗缝砌法，立面中部为较细腻的密缝做法。

❸ 精心设计的窗框细部：额枋中装饰倒梯形拱顶石，半圆形山花中有卷边镶板花饰。

❹ 立面正中的组合窗采用帕拉第奥母题，用以强调立面设计的中心感，并因是否对应建筑入口而在形式上留有差异。

❺ 多立克柱式[42]的门头上方设置精美的涡卷式断山花，恰到好处地呈现了巴洛克风格的柔美的特点。

❻ 三层窗的窗间墙外设置塔斯干壁柱，由于其内凹在巨柱式的檐部下，从而避免了大小柱式在檐部的冲突。

10

突破六层魔咒

麦边大楼（McBain Building）

地址：中山东一路 1 号，延安东路 2 号

建成时间：1915 年

设计：马海洋行

汇中饭店凭借砖木结构 + 部分钢筋混凝土就建到了六层楼高。虽然之后不久全部采用钢筋混凝土框架结构[43]的建筑在上海出现，但一连好几年，城市建筑的高度一直没有新突破。“1915 年，一位撰写稿件的外国侨民对上海的未来表示悲观，因为在他看来这地基上至多只能起造六层楼房”（墨菲，1986）。然而，就在这悲观预言的同一年里，七层高的麦边大楼竣工。

麦边大楼位于中山东一路和延安东路交叉口处，这里是英租界及后来的公共租界的东南端。1896 年，麦边洋行从丰裕洋行（Fogg, H. & Co.）处购得土地，并把基地上两栋 19 世纪 70 年代建造的三层小楼更名为“麦边商务楼”。1913 年 6 月，麦边洋行在此翻建新楼，并在 1915 年大楼竣工后把“1 号”和“2 号”两块门牌合并成“1 号”，一直延续至今。

现大楼南侧的延安东路是一条具有特殊历史意义的小河——洋泾浜填埋后所建。1845 年的洋泾浜是英租界的南界，1849 年的洋泾浜同时成为法租界的北界。于是，这条作为界河的“洋泾浜”成为上海租界的别称，甚至人们戏谑地将一种用汉语语法拼缀成的简单英语叫作“洋泾浜英语”。1914 年，为改善交通和提升环境，填浜筑路工程启动。1916 年，完工后的道路被取名为“爱多亚路”（Avenue Edward Ⅶ）；1950 年，更名为“延安路”。麦边大楼正是延安东路的起点。

麦边大楼刷新了外滩建筑的高度纪录。该楼五、六层之间的腰线，正好和毗邻的上海总会的檐口高度一致，这让二者之间形成了一种良好的协调关系。由于整栋楼的高度与宽度几乎相等，建筑呈现出拘谨的“方块”模样，而马海洋行为了强调这种“方正”，完全弱化了转角和顶部的处理。

在建造此楼时，业主麦边洋行曾向工部局卫生处提出安装抽水马桶的申请，但遭到拒绝，因为在 1906 年工部局颁布公告禁止在公共租界内安装和使用抽水马桶。为此，麦边洋行向领事公堂提起诉讼，促使工部局在 1915 年 11 月修改规则，接受了抽水马桶这一新生事物，并最终在 1923 年全面建成污水管道系统，使上海迎来了城市公共卫生的一次巨大进步。

1
1
6
4
4
3
5

1916—1941年，英荷壳牌石油子公司亚细亚火油公司[Asiatic Petroleum Co.（North China）Ltd.]长期租用此楼办公；因此，人们也习惯性地称之为“亚细亚大楼”。

❶ 麦边大楼是上海近代建筑中较早采用列柱柱廊[44]的建筑，采用爱奥尼巨柱式双柱，但柱廊规模比较小。

❷ 列柱与弧形阳台相结合的设计手法在当时属于创新。马海洋行在之后的设计中曾多次使用，例如美伦大楼北楼（南京东路161号，1921年建成）、新康大楼（江西中路260号，1930年建成）等。

❸ 麦边大楼有两个主入口，采用两层通高的爱奥尼巨柱式，支撑弧形断山花，其内再嵌套一个近人尺度的多立克门廊。两层门廊之间设置卷边牌匾和三角形断山花窗套。繁复、华丽的入口门廊与简洁的建筑主体形成强烈的反差。

❹ 外墙面下部使用花岗岩粗石饰面，上部用水泥砂浆勾压出水平线条来模仿石材。

❺ 建筑转角面很窄，底层采用细节较少的塔斯干柱式，避免在立面上的喧宾夺主。

❻ 入口立面中心段的设计有很好的对位关系，保证了从底层到顶层的视觉关联。

3

11

沪上第一钢结构
联保大楼（Union Building）

地址：中山东一路 4 号

建成时间：1916 年

设计：公和洋行

外滩建筑的高度之争一直都在持续，麦边大楼的高度纪录只保持了一年，联保大楼便横空出世。这栋大楼是上海第一栋采用钢框架结构的建筑，从路面到屋顶旗杆顶端，总高度将近 46 米，因此被当时的《远东时报》誉为“最值得关注的建筑设计进步之一”。

这栋楼的业主保安保险公司（Union Insurance Society of Canton），1835 年在广州创办，是最早进入中国的保险公司之一，主要经营海上航运保险业务。中国以前没有“保险”的概念，“保险”一词也借鉴于日文翻译。早期对于传入的“Insurance”曾音译为“燕梳”，或意译为“担保”“保安”等。因此，保安保险公司的早期中文名叫作“于仁洋面保安行”。自上海超越广州成为中国近代第一大贸易口岸后，为了拓展业务，1868 年，保安保险公司进入上海。1912 年，该公司在购进的原属天祥洋行（Adamson, Bell & Co.）的地块上破土动工，聘请香港巴马丹拿洋行进行建筑设计。

与其他外滩建筑注重正立面处理的手法不同，联保大楼以一座异军突起般的塔亭，彰显了建筑的沿街转角，这种张扬的姿态似乎反映了业主的雄心：既要展示实力，又要统领周边。建筑落成后，外滩最南端的天际线也就此定型。

然而，与刷新纪录的高度特征相对照的是，建筑的立面风格相对模糊。为了凸显转角的重要性，建筑东、北立面上的中心性被有意削弱：柱式简化，开间拘谨，为强调入口的顶层立面升起也显得谨慎有余。缺少了古典秩序的束缚，立面上不同风格的装饰元素相互混杂，在形成琳琅满目的视觉效果的同时，也消解了建筑整体的清晰性。

联保大楼，一方面体现了结构进步的优势——更宽敞、灵活的室内空间、更大的开窗面积和更高的建筑高度，另一方面也是折中主义基于拼贴和变异风格的一次成功展现。随着这栋楼的声名鹊起，巴马丹拿洋行在上海设立分公司，取名“公和洋行”。在随后的三十年里，它成为上海最知名的设计机构，外滩的所有建筑中，有三分之一是公和洋行的作品。

4
5
1
5
3
6
2

联保大楼是中国第一座开放式空间布局的办公楼。
自1935年始，有利银　行（Mercantile Bank of India, Ltd）长期租用此处办公，因此，该楼也被叫作“有利大楼”。

❶ 在立面上，刻意回避对古典标准柱式细部的沿用，采用了设计变形。

❷ 对于建筑底层的拱券和柱身，采用夸张的块石叠砌手法，以强调基座的力量感。

❸ 虽然建筑开间不大，但整个立面的开窗面积与窗间墙之比远大于其他建筑，这就是钢框架的结构优势。

❹ 对比汇中饭店的转角塔亭，联保大楼塔亭的视觉统领作用十分强烈。

❺ 在立面中心和转角的壁柱上采用了一种丰富的几何组合图案，它作为公和洋行的特色装饰设计语言，常见于之后的建筑中。

❻ 立面采用水刷石[45]来模拟石材的效果，使之成为现在已知上海最早使用水刷石的建筑。这种外墙饰面的做法后来非常流行，影响甚广，例如香港和东南亚地区同样做法的水刷石被称为“Shanghai Plaster”（上海水刷石）。

AGRICULTURAL BANK OF CHINA

12

巴黎风

扬子大楼（Yangtsze Building）

地址：中山东一路 26 号

建成时间：1918 年

设计：公和洋行

随着公和洋行打开了上海的建筑设计市场，紧接联保大楼之后，公和洋行为另一家保险公司——扬子保险公司在外滩设计新楼。扬子保险公司是外资在上海创办较早的保险公司之一，由旗昌洋行主要董事金能亨（Edward Cunningham）等集资创办于 1862 年 6 月。地块上原为老沙逊洋行（David Sassoon & Co.）于 1866 年建造的两栋商用楼之一（另一栋在南侧外滩 24 号地块上），扬子保险公司长期租用此楼，并在 1905 年买下此地块。

扬子大楼的设计完成于 1916 年，两年后大楼落成。除了扬子保险公司的自用部分外，大楼的大部分面积供其他保险公司租用，如英商保中保险公司、保安保险公司、保家保险公司、水火保险公司等都曾在该楼内办公——这是一栋名副其实的“保险大楼”。

扬子大楼的主立面设计很可能受到 18 世纪法国巴黎大改造时期的“奥斯曼风格”的影响。1853—1870 年，路易 · 拿破仑三世（Louis Napoléon Ⅲ）任命奥斯曼（Baron Georges-Eugéne Haussmann）为塞纳省省长，负责巴黎的城市改造与更新。在奥斯曼的推动下，在巴黎市中心的林荫大道两旁建造了大量五层或六层的公寓楼。这种沿街建筑底部为商店，中间几层的窗户严格按照固定的间距排列，其中在三层和顶层的沿街面设置有铸铁栏杆的通长阳台，“屋顶被设计成倾斜或弯曲的样式，一般用锌板或石板覆盖”（克里斯琴，2020）。这种鲜明法国特色的沿街建筑形式之后在欧洲各地被广泛效仿。扬子大楼主立面的二层和六层设置阳台，中间几乎没有太大凹凸变化的形体上是几层规则的开窗，以及类孟莎式屋顶[46]的第七层，以上特征都与奥斯曼风格极为相似。

扬子大楼的平面为长方形，临外滩面宽约 17 米，纵深约 34 米，其尺度差不多是联保大楼的一半（临外滩面宽约 32 米，纵深约 64 米）。20 世纪 20 年代，当外滩建筑从早期的二三层发展到五六层甚或七层时，越来越多挑战 30 米的高度使得毗邻地块建筑间的“紧密度”愈加震慑人心，这种感觉突出表现在今天外滩九江路到南京东路、滇池路到北京东路这两段沿江建筑界面中。

在联保大楼之后，公和洋行的建筑设计不断尝试在折中主义风格中拼贴更加多样化的历史元素，而对于当时快速向上海最重要金融中心迈进的外滩来说，奥斯曼风格的法式居住建筑气息显然不够力度，自此也再未在之后的建筑中出现。

4
3
2
1
4
1

杨子大楼是上海第一栋全部采用金属窗框的建筑。

❶ 在一层和二层立面上使用石材以形成建筑的基座，一层更是使用粗琢[47]的做法以增强基座的“力量感”。这是外滩现存建筑中第一栋使用粗琢做法的建筑。

❷ 建筑立面的三到五层是磨石对缝墙面 + 通贯壁柱。对比联保大楼，该楼整体更为简洁，但局部装饰则更为复古。

❸ 建筑六层中部使用爱奥尼双柱廊，使得立面刻画更加细巧、精致。

❹ 该建筑设计非常注重对江景的利用，例如大楼二层有通长的阳台，六层有内凹的柱廊，七层还做出了后退的露台。

❺ 从老照片可以看出，该楼立面的设计充分考虑了对周边环境的呼应，它与当时其南侧的三层建筑很协调：底层平窗，二层弧窗，都有双柱廊。

13

打造“城市峡谷”

日清大楼（Nisshin Building）

地址：中山东一路 5 号

建成时间：1921 年

设计：德和洋行

第一次世界大战后，随着西方国家的经济复苏，上海的“摩登时代”也拉开了序幕。资本的不断涌入和人口的高速发展推高了地价，建筑随之呈现出越造越高的趋势。为此，1916 年，公共租界颁布《新西式建筑规则》规定，明确提出“建筑物高度不能大于其毗邻道路宽度 1.5 倍”的限制要求，但“如果建筑与宽度超过 150 英尺（约 45.72 米）的永久空地相邻”，其高度则可以不受限。外滩独享的临江地理位置，使这里的建筑获得了“高度限定豁免权”，日清大楼就是其中的一个典型案例。

日清大楼南侧的广东路宽度为 40 英尺（约 12.19 米），按规定，沿路的建筑高度不能超过 60 英尺（约 18.28 米）；但是，日清轮船公司最终获准的建设条件是可以在广东路沿街 62 米长的范围内，建造 87 英尺（约 26.52 米）高大楼。于是，日清大楼与路对面同样超限高的联保大楼一起，塑造出广东路东端奇特的风景——“城市峡谷”。在街道较窄的情况下，隔街相对的建筑容易形成攀比和对峙的局面，但有趣的是，面对联保大楼那种豪华得颇显傲慢的“姿态”，日清大楼轻松响应：沿广东路二至五层的南向立面上，尽数略带装饰的轻巧阳台好像呼唤出无数凭栏端详的眼睛，向邻居投去欣赏和致意的目光。如此成就了日清大楼与外滩其他建筑的明显不同：沿江东立面及其相关建筑转角似乎都被有意弱化，朴实无华，而南立面成为建筑的重心和设计刻画的主角。

设计此楼的德和洋行是 20 世纪二三十年代上海著名的建筑设计机构之一，1917 年，其设计的先施公司（南京东路 690 号）落成。这是上海第一家经营环球百货的大型商店，七层的主体建筑由于转角处夸张高耸的塔楼而高近 60 米，刚建成就成为南京路上引人瞩目的标志性建筑。

20 世纪 20 年代是外滩历史上的最后一次大规模的翻建与改造时期，其间，从 1921 年日清大楼落成，到 1929 年沙逊大厦完工，共计 10 座建筑都有过拆除 - 重建的经历，几近外滩建筑的半数。

日清公司全称为“日清汽船株式会社”，是日本近代在华最大的航运公司，上海人也称其为“日清洋行”。

❶ 在沿江东立面上，最初只有这个北端入口，1996 年改建后（原南端窗改为门），才形成现在看到的对称式构图。

❷ 建筑立面壁柱、山花和窗下墙等部位原来都有装饰。20 世纪 50 年代后，大楼为上海海运管理局、上海海兴轮船公司等租用，外墙装饰在重新装修时被拆除。

❸ 建筑东立面的中心部分，原使用爱奥尼巨柱式，现已成简化样式。

❹ 凸窗是英国传统建筑的标志性细部，是当时英国建筑师很喜欢使用的一种建筑元素。日清大楼东立面上这二组凸窗的设计不乏现代感。

❺ 建筑入口的处理很有特色：在视觉意象上二层通高的券洞中，以塔斯干柱式、窗下墙和柱式檐口形成层次，形式简洁而富有变化。

2
2
4
3
1

上海清算所
SHANGHAI CLEARING HOUSE
1921

14

一艘巨轮
格林邮船大楼（Glen Line Building）

地址：中山东一路 28 号

建成时间：1922 年

设计：公和洋行

1862 年，德商禅臣洋行在从英国领事馆手中买下的一块地上建造起一栋七开间的两层楼房。第一次世界大战后，这块地产被没收，后被英商怡泰公司(Glen Line Eastern Agencies, Ltd.)购得，并改建为一栋七层的大楼。于1874 年进入中国的怡泰公司，其业务在“此后的 50 年中，创造了英国对华航运史的多个纪录”（《字林西报》，1922-02-27）。因怡泰公司的邮船上都冠以“格林”字样，而该大楼顶部造型又酷似巨轮上的瞭望台，所以这栋大楼形意俱全地被时人称作“格林邮船大楼”。

与那些考虑以业主自用功能为主的建筑不同，格林邮船大楼在建造之初就以出租为目的。建筑主入口设置在北京东路一侧立面的正中心，宽大的主楼梯、两部电梯以及卫生间等辅助空间聚集形成类似核心筒[48]一样的功能块，其两侧是完整的大办公空间。建筑底层沿外滩的办公区，怡泰公司留作自用，其“入口在外滩沿街面的中间，由壮丽的柱廊构成”（《字林西报》，1922-02-27）；另外，还留出七楼的一部分作为总经理公寓。怡泰公司自用面积总计约 1300 平方米，占整栋楼面积的十分之一；其余 10 000 多平方米的面积均用于出租。这栋楼是当时上海最大的单一功能的办公楼。

对于这栋庞大、敦实的大楼，公和洋行的设计依然采用与联保大楼同样的折中主义手法。立面被多条水平向建筑元素划分，却由于其上的装饰细节过于戏剧化而削弱了整个立面构图的清晰性。其中，最典型的冲突出现在五、六层分界的那道水平向檐口上——略带变化的托檐石[49]原本已形成视觉上的统一，却因为交杂其间的壁柱上的浓烈装饰以及悬挑的浮夸托座而风采尽失；紧接其上，六层的窗户“哄抬”起三陇板[50]式样的装饰带，也加入划分立面、争夺注意力的“混战”中。然而，混战最后的胜利者，似乎是沿江立面中心第五层凸肚窗[51]上楣的那块楔形巨石，它像突然降落的陨石，狠狠砸在贯通建筑周圈的水平向檐口上，把它硬生生地切断了。古典的秩序，就这样因为过多的细节而瓦解。幸运的是，越过楔形巨石和其承托的第六层，一座高耸的塔楼融入大楼第七层，并在视线上最终统领了整座建筑，才算终结了这场惊险的“视觉游戏”。

格林邮船大楼在建成时被《字林西报》称为“自由文艺复兴风格”(Free Renaissance Style)，说的正是折中主义建筑风格那种依托于古典，却又不拘泥于既定法则的特性。

抗日战争胜利后，美国新闻处阅览室、美国海军、美联社新闻机构等在此办公；因此，这栋大楼又被称作“美国新闻署大楼”。1951—1996年，上海人民广播电台在此办公。于是，“广播大楼”的习惯性称谓在民间一直沿用至今。

❶ 该楼的设计重点在沿江立面（东）与沿北京路立面（南）的贯通一气上。两个立面都利用入口采取了对称式构图，而建筑转角则利用圆弧形使二者能够自然衔接。

❷ 凸肚窗作为重要的建筑元素，用以强调立面上的重点部位，这栋建筑有多处使用，而且不同部位的凸肚窗细部各有不同（此即在第五层窗上楣有楔形巨石的凸肚窗）。

❸ 贯通第五层窗户的条带暗示了古典檐口下的檐壁。如此简化的手法，既象征性地保证了古典建筑构件的完整性，又保证了室内一定光照下的采光面积。

❹ 南入口的大门做法，与日清大楼的类似，但细节更为丰富。

❺ 壁柱上的几何化装饰与联保大楼的类似，巨大的托座让壁柱更加醒目。

❻ 作为当时上海最大的外轮代理商行之一，为了满足与世界各地商务联系之需，特设电报房，其屋顶上安装收发报的天线。

3
1
2

羅 斯 福

15

坚如磐石
怡和洋行（EWO Building）

地址：中山东一路 27 号

建成时间：1922 年

设计：思九生洋行

怡和洋行（Jardine, Matheson & Co.）是外滩少数几家始终坚守在同一个地块上的土地使用者之一。上海开埠是在 1843 年 11 月 17 日，但直到 1845 年 11 月 29 日第一次《上海土地章程》公布之前，外侨在上海并没有固定的居留地，外侨或洋行通过私下与乡民签订“租地草约”来租赁土地。1847 年 12 月 31 日，道契—— 一种由英国领事和上海道台共同钤印核发的土地凭证被启用。外滩的土地编号由北向南，怡和洋行所在地块在这个编制中被列为“第 1 号租地”，土地面积共 18 亩 6 分 4 厘 9 毫（约 12 427 平方米）。怡和洋行最初建了一栋两层小楼；1861 年翻造新楼，并在 1864 年竣工，建筑高三层、宽十五开间，是当时外滩体量最大的一栋楼；1920 年再次翻造新楼，并在两年后落成——这是一栋五层高的钢筋混凝土大楼，其沿江立面宽度近 50 米，在 1923 年新的汇丰银行大楼建成前，它是外滩面宽最大的建筑。

怡和洋行立面的最大特点是底层全部使用粗琢工艺。看似出自天然的石块打造出粗犷的、坚如磐石般的建筑氛围，但其实，由于粗琢石块外表面之外的其他面都是平整的，其砌筑相对精密，在西方古典建筑中，这是一种饶有历史的构筑应用。据史料，为凸显视觉效果而雕凿出石头面周边浅沟槽的设计已出现在古罗马人修建的石墙上；1 世纪中期，即克劳狄皇帝（Emperor Claudius，公元前 10—公元 54 年）在位时期，粗琢作为一种流行的美学倾向，在古罗马建筑中得以广泛应用。中世纪，意大利的城市要塞通常构筑粗琢墙面，以彰显坚固、威严，同时也以此象征领主不可撼动的权势和高贵地位。及至文艺复兴时期，建筑师开始将这种工艺用在宫殿建筑和城市住宅中，并且形成了更加规范的操作体系。那时，粗琢工艺的发展与人们对古典柱式的理解同步展开，而完整的粗琢立面也逐渐成为佛罗伦萨文艺复兴建筑最早的特征之一。之后，震撼人心的独特美学效果与视觉寓意使粗琢成为一种经久不衰的建筑工艺，并沿用至今。

怡和洋行是进入中国最早的外资公司，也是英商洋行中最大的一个，资产占英商在华全部资产的 20% 以上。回顾上海近代史，“外滩上刻着英国的印记，英国在这里拥有最大的银行和最大的公司”（布里赛，2014）——这里指的就是汇丰银行和怡和洋行。

怡和洋行在上海主要有7家分公司，下属企业共计30家。1876年，由怡和洋行牵头建成的吴淞—上海线是中国境内的第一条铁路线；怡和轮船公司（1882年）是近代由外资创办的最大轮船公司之一，怡和丝厂（1882年）是由外资创办的中国最早的生产性企业。

❶ 建筑原为五层。在设计时，建筑师应业主要求——要为将来添加楼层留下余地；因此，当时的建筑屋顶是一个特别设计的双层隔音顶，可以随时拆掉上层屋顶后继续加建。

❷ 主入口融入了古罗马建筑风格的特征，尤其是筒形拱[52]门廊顶部内侧装饰方格镶板[53]的做法，呈现出华丽的视觉效果。

❸ 经粗琢加工后的石块间有又深又宽的沟槽，借此形成的浓重阴影与上部精细、平展的墙面产生了有趣的对比。

❹ 沿街立面以及建筑转角的上部都采用科林斯巨柱式，以形成立面上的延续性，并未特意强调沿江立面。

❺ 1939年，五层建筑之上加建了第六层；1983年，又一轮加建赋予了建筑第七层。立面的原始比例关系被破坏。

❻ 涡卷形的拱顶石装饰与粗糙的石块并置，非常具有戏剧性，是巴洛克建筑手法的体现。

5
5
1
4
4
3

16

缩小版样品
麦加利银行大楼（Chartered Bank Building）

地址：中山东一路18号

建成时间：1923年

设计：公和洋行

麦加利银行大楼的建设用地原属英商丽如银行（Oriental Banking Corporation，也有译作“东方银行”的）——1848年在上海开设分行，是最早进入上海的外国银行。19世纪60年代末，丽如银行在这里建造了一栋楼，曾被认为是当时外滩最漂亮的建筑。1892年，丽如银行倒闭，其房产由麦加利银行接盘。

1853年，在伦敦，根据英王敕令建立的标准渣打银行有“皇家特许银行”之称。1857年11月，标准渣打银行在上海设立分行，中文名为“麦加利银行”。1922年，麦加利银行在接盘的地块上拆旧建新。

同为公和洋行的设计作品，麦加利银行的落成时间仅比格林邮船大楼晚一年，却出乎意料的朴素，二者形成非常大的反差。麦加利银行立面的装饰简练而克制。贯穿三层的爱奥尼巨柱挺拔、饱满，与其后巨大的深色钢窗相得益彰，使得沿江立面的中心部分显得通透、轻盈，而其他立面门窗尺度被有意缩小，努力营造出古典建筑的厚重感。沿江立面顶部为一道平缓、规整的山花，打造出庄重、典雅的观感。这种对古希腊建筑风格的复兴和模仿正是当时英国本土的艺术思潮波及上海之明证。

从格林邮船大楼那种繁复的折中主义风格，转而理性的古典复兴，公和洋行的设计再次重点关注了建筑各部分间的均衡和协调。作为一个中规中矩的古典复兴作品，麦加利银行似乎有些乏善可陈；但是，当我们把它与紧随其后落成的汇丰银行大楼相对比，就会惊讶地发现，它竟然像是汇丰银行试验性的“缩小版”。

麦加利银行的落成仪式举行得很匆忙：在1923年4月28日上午的仪式中，当英国总领事巴登（Sydney Barton）接过钥匙开启银行的大门后，蜂拥而至的嘉宾们发现，建筑内部的装修其实还远未完工……仅仅两个月后，麦加利银行的正式“放大版”——汇丰银行落成。

取名“麦加利银行”的原因有两种说法：一种说法是，早期行址位于靠近四川路的麦加里（Maclean Terrace），故名。另一种说法是，源自沪行的第一任总经理，约翰·麦加利（John Mackellar）。

❶ 虽然大楼的造型简洁，但建造标准并不低。入口的两扇青铜大门专门在英国制作完工后，运至上海现场安装。

❷ 窗户上楣有古希腊神庙式样的山花装饰，在山花顶部和下角都有像座。

❸ 贯通三层的爱奥尼巨柱式，柱头精致，柱身光滑、无凹槽，是标准爱奥尼柱式的简化。

❹ 建筑顶部的收头借鉴了古希腊神庙的山花形式，与建筑的窗户有所呼应，但细节上更为简化。

❺ 棕叶饰[54] 最早出现在古希腊建筑中，这里采用几何化的方式对其进行了抽象。

❻ 由于该建筑采用了钢结构，不需要厚重的墙体来承重，所以窗户可以开得很大。对比怡和洋行的立面，可以明显看到二者的差别。

4
5
3
2
6
1

17

远东第一大楼
汇丰银行大楼（HSBC Building）

地址：中山东一路 10-12 号

建成时间：1923 年

设计：公和洋行

1923 年 6 月 23 日，汇丰银行大楼——被誉为“从苏伊士运河到白令海峡的一座最讲究的建筑”落成，外滩自此有了一座具有世界级影响力的建筑。

漫步在今天的外滩，你会发现，门牌号从 1 号到 33 号对应的只有 23 幢建筑，门牌号的不连贯与外滩地块和房屋产权的变更密切相关，其中尤以汇丰银行最为典型。1864 年创办于香港的汇丰银行，1865 年在上海开设分行。1873 年，汇丰银行买下外滩 12 号地块，耗资 7 万两白银建楼，并在之后多次扩建。1920 年，汇丰银行高价买下其南侧别发书店（Kelly & Walsh, Ltd.）的 11 号地块和新茂洋行（Simmons & Co.）的 10 号地块，连同已有的 12 号地块，组成北起海关大楼、南到福州路、东临外滩、西至四川中路的一整块基地，并在其上翻建新楼。新楼建筑面积总计 23 415 平方米，一跃成为当时远东最大的银行，也是仅次于苏格兰银行的世界第二大银行。

尽管新楼的建筑设计早在 1920 年初已经成形，但直到 1921 年 5 月 5 日，大楼才正式开工兴建。在当中这一年多的时间里，设计方案历经多次修改，原满布各种巴洛克式华丽装饰的建筑立面转变成为力量感十足的清晰形体组合：底层 3 个券门在立面中心构成建筑主入口，入口上方由 6 根贯通 3 层的巨型圆柱构成的柱廊，在建筑沿江立面中，形成深邃的阴影。一座雄伟的穹顶，接续这片阴影，强有力地穿过一段古希腊神庙式的山花立面，向上空升腾；不断加高和变化着的多边形鼓座，一层又一层，像是被精准切割后的钻石棱面，向不同的方向展开，合力把穹顶托举到距地 53.37 米的高空。外墙上，购自香港的花岗岩贴面，在阳光的照射下闪烁着洁白的光泽，其厚重的贴面分割线和粗琢的石材表面显示出一种坚不可摧的力量。

在汇丰银行大楼上，历史样式的建筑元素进行了充分变形、重组和几何化，并有机地融合成为一个和谐整体。这种强调构图的完美、强调用简约的线条和完美的比例去塑造建筑内在品质的设计手法，使得汇丰银行大楼成为上海古典复兴风格建筑的巅峰之作——“建筑的高层次价值往往来自其完整统一的特色，一眼就给人一种权威和长久的感觉”（格伦迪宁，2013）。

据史料记载，汇丰银行大楼是一栋重达 50 000 吨的庞然大物，由 1350 吨钢筋、1480 吨熟石膏、3700 吨结构钢材、6481 吨花岗岩、50 000 桶水泥、3 500 000 块砖……构成，其内部是缠绕长达 79 000 米的各种管道。建造如此复杂的巨型建筑，只用了 2 年时间，足以见得当时上海建造水平的高超。

❶ 3 组青铜大门，每组重达 5 吨。3 个券洞的拱顶石上原雕有头像，分别代表工业、农业和航运，现已不存。

❷ 大楼入口处的一对铜狮，由艺术家亨利 · 普勒（Henry Poole）创作，其寓意为“守护和安全”，原件现存于上海历史博物馆。现在入口处的铜狮是 1996 年的复制品，作为历史的铭记物，还原样复制了日本军队侵占上海时在狮身上留下的锯痕。

❸ 穹顶起源于古罗马，在文艺复兴早期穹顶主要用于教堂，18 世纪以后被用于世俗建筑。穹顶看上去简单，但事实上，在钢结构出现之前它的建造复杂而昂贵，因此往往只在最重要的建筑上才使用。

❹ 6 根巨柱采用简化的混合式柱式[55]，柱头的涡卷和莨苕叶饰[56]都经过几何化抽象。

❺ 穹顶上的伞状物，是 1956 年后为防雨水侵蚀而增设的。

❻ 精心设计和制作的细部，在保证与主体协调一致的同时，增添了建筑耐人近观细品的愉悦感，例如底层入口的石柱灯和顶部的青铜灯。

1955—1995 年，汇丰银行大楼作为上海市人民政府机关的办公处，因而至今仍有“市府大楼”的民间称谓。汇丰银行大楼内饰最精美的地方要数一层的八角厅，其穹顶内分 3 层，镶嵌着 33 幅流光溢彩的马赛克壁画。

正信銀行
ZHENG XIN BANK COMPANY LIMITED

18

八个大力士

字林西报大楼（North-China Daily News Building）

地址：中山东一路 17 号

建成时间：1924 年

设计：德和洋行

1850 年 8 月，英国拍卖商奚安门（Henry Shearman）创办上海历史上第一份英文报纸 *North-China Herald*（中文译名《字林星期周刊》或《北华捷报》），其报社名称“North China Herald Office”，中文名为“字林洋行”。据史料记载，那时上海只有 220 名外国人，租界规模也很小。然而，随着 1851 年太平天国运动和小刀会在上海的起义，租界人口激增，截至 1865 年，上海已有外侨 2757 名。由于要刊载的信息暴增，1864 年 7 月，字林洋行另辟日报《字林西报》（*North-China Daily News*），并将原来的《字林星期周刊》改为副刊。字林洋行作为中国近代史中规模最大的新闻出版机构，《字林西报》是上海也是中国历时最久、社会影响最大的西文报纸，最大发行量达 7817 份，直至 1951 年停刊，持续了近一个世纪。

《字林西报》报馆最初设在汉口路；1886 年迁至南京路；1887 年迁至九江路；1902 年，洋行为报馆从汇丰银行手中买下了外滩 17 号的房地产。20 世纪 20 年代，由于老楼的设施已经远不能满足业务发展的需要，新报馆楼原址重建，建筑设计工作由字林洋行董事长亨利·雷士德（Henry Lester）开办的德和洋行完成。

这是上海近代新闻出版业建筑面积最大的综合性大楼——除与报社相关的一系列办公空间外，还设置了印刷车间、物资库房、出租办公和居住套房等。由于用地狭窄，建筑只能向高空发展，而面对仅有东面临街的苛刻施工条件，字林西报大楼成为在有限的场地中建造高层建筑的一个成功范例。1921 年，当这栋楼还只是德和洋行设计师手中的图纸时，它就“决心”要成为上海最高的办公建筑。然而，在 1924 年大楼竣工——昔日宏愿实现之日，其 40 米的高度，已被深深压制在汇丰银行大楼的穹顶之下。

字林西报大楼的三段式立面呈现出巨大的差异：基座沿袭怡和洋行的那种粗琢做法，以强调建筑的坚实与稳固感。中段五层立面光滑、简洁，除开窗外，几乎没有任何额外的装饰细节，现代感十足……猛然间，轻松的现代感戛然而止，八座巨大的阿特兰特[57]（Atlante）雕像奋力托举起一道巨大的、复古的檐口，其上承载着的建筑顶部——基座、柱廊、券门、山花、女儿墙，以及经典的巴洛克式双塔亭。或许是由于没有慎重处理远离地面后的透视缩小问题，顶部的建筑细部看上去有些模糊，而过于完整、独立的整体意象，使檐口之上的建筑顶部更像是把地面上的一个古典主义的建筑直接搬到了大楼的顶上。

虽然在创造建筑新高度的竞赛中，字林西报大楼未笑到最后，但其将古典主义建筑语言与现代高层设计相结合的探索，令人印象深刻——柱式对于建筑形式不再起主导作用，而只在基座等部分作为局部装饰。要知道，在之前的 20 年中，柱式几乎是外滩建筑立面设计的灵魂和核心。这种“松绑”意味着建筑设计获得了更自由的多样化可能。

6
1
3
4
5
2

上海最早的中文报纸《上海新报》也出自字林洋行。《上海新报》创刊于1861年11月，最初是周报的形式；第二年改为每周发行3次；1872年7月，改为日报，周一到周六每日一张。该报于1872年12月停刊。

❶ 每座雕像都由3块意大利花岗岩拼接而成，重达20吨，需要历时5个月的雕刻。仅安装大楼雕像的施工操作耗时1个多月。

❷ 沿江立面底层中部镶嵌的大理石浮雕是在意大利制作完成后，运抵现场安装的。浮雕人物的高度与真人相仿，富有寓意的画面展现了新闻业的诸多要素。

❸ 整栋大楼的花岗岩贴面共计用去1200吨石料。这些石头产自距离东京80公里外的著名采石场，是当时日本最好、最洁白的石料。

❹ 大楼的后半部分为水泥粉刷墙面，供《字林西报》的印刷车间使用。为了隔声，前后楼中间设置了一道空心墙壁。

❺ 经粗琢加工后的石材以厚石块与薄石块呈带状间隔的方式进行砌筑，使建筑立面肌理别有风味。

❻ 纵观外滩建筑的柱廊，多用爱奥尼柱式和科林斯柱式，该楼顶部采用多立克柱式的双柱柱廊，是外滩的唯一。

19

西洋中的东洋

横滨正金银行大楼（Yokohama Specie Bank Building）

地址：中山东一路 24 号

建成时间：1924 年

设计：公和洋行

字林西报大楼落成半年后的 1924 年 8 月，公和洋行设计的横滨正金银行大楼落成，至此，外滩的北端天际线成形。

横滨正金银行总部在日本横滨，成立于 1880 年，其上海分行于 1893 年 5 月开业。1896 年，上海分行升格为“统辖行”，管辖在华的各分行。1911 年，银行买入老沙逊洋行在外滩 24 号的房地产，1922 年拆除重建。这栋楼的承建商是在汇丰银行大楼建设工程中获得诸多赞誉的伦敦特罗洛普 · 柯尔思公司（Trollop & Colls），该公司使用的电力起重机可以把超过 10 吨的石材直接吊装起来一事，一直作为令时人备感震撼的佳话。

横滨正金银行大楼沿着公和洋行既有的古典复兴设计模式继续前进，但简化的倾向越发明显，尤其是平直的顶层，突破了之前一贯的山花造型，以墙体与洞口形成间隔的虚实关系，从而让建筑具有现代气息。在立面的细节设计中，为了表明业主的日本身份，做了很多巧妙的糅合。例如入口大门上装饰的日本古典武士像、爱奥尼巨柱上雕刻的戴头盔的日本人像、阳台托座上采用的菩萨头像雕刻、顶部旗杆基座上采用的象征日本的大鸟绕日造型（现已不存）等。无疑，这些细节都脱离了传统的西方古典建筑语言，表达了某种创新，却也侵蚀了古典复兴作为一种风格的意义。

有时候，成功也会带来日后进步的桎梏——公和洋行熟练操作的以高大的柱廊为视觉核心的立面构图，已经变成一种完全程式化的形式符号。巨柱式，从麦加利银行立面的贯通二层，到汇丰银行大楼立面的贯通三层，及至横滨正金银行大楼，已在立面上贯通了四层的高度。随着贯通楼层的增多，柱式的尺度也在不断被加大……巨柱式为保持在立面形式上的统领地位而“疲于奔命”，这显然预示了曾代表启蒙主义和理性精神的古典复兴建筑风格在外滩穷途末路的走向。

在外滩，比对公和洋行设计年代相仿的四座建筑，可以发现一条有趣的“高度控制线”：自地面到平屋面栏杆顶，扬子大楼为 32.5 米，格林邮船大楼为 32 米，麦加利银行为 30.1 米，横滨正金银行为 32.4 米——这个数值大概是当时均衡了功能与造价后的最优解。

4
1
1
3
5
6
2

横滨正金银行大楼内部有一个外滩建筑中最大的拱形采光天窗，由英国勒克司芬棱镜公　司（Luxfer Prism Co.）制造，覆盖在整个底层营业大厅的中部，可为室内提供充足的自然光照。

❶ 立面中段的壁柱和檐部都进行了设计简化，壁柱柱头上的凹槽与上方的檐口齿饰[58]形成视觉关联。

❷ 委托苏格兰公司铸造的青铜构件，也许是工匠对亚洲人脸型不熟悉之故，门上铸像与其说是日本武士，还不如说是北欧海盗。

❸ 为了贯通四层的高度，看上去依然纤细的爱奥尼巨柱，实际直径已达到1.5米。

❹ 女儿墙顶上的一圈饰带，以像座为装饰母题，并模仿日式瓦屋面的檐口，形成曲折起伏的天际线。

❺ 大楼立面上的石材饰面被称为“日本花岗岩”或“德山石”（Tokuyama），来自日本山口县德山市。

❻ 托座菩萨头像的颜面向下倾斜，仿佛在俯瞰滚滚红尘中的行人。

20

希腊神庙的困窘

台湾银行大楼（Bank of Taiwan Building）

地址：中山东一路 16 号

建成时间：1927 年

设计：德和洋行

台湾银行于 1899 年开业，总部设在中国台北，1911 年在上海设立分行，租用外滩 16 号地块上由汇丰银行投资建造的大楼作为行址，后出资购进，并于 1924 年在原址拆旧建新。新楼为 4 层钢筋混凝土结构的建筑，其设计反映出当时的英国建筑师在古典复兴建筑设计中对古希腊风格的偏爱。

早在古罗马时期，维特鲁威（Vitruvius）在其著作《建筑十书》（*De Architectura*）中指出，建筑起源于森林中简单的木头棚屋，随着文明的日益繁荣而发展成希腊宏伟的石头建筑，希腊式神庙代表了几何形状、尺度和比例的完美统一。14—16 世纪的欧洲文艺复兴，意味着古希腊和古罗马艺术的再生，而 18 世纪 50 年代欧洲对“希腊的再发现”，则意味着历史向古典艺术的又一次回归，“以古希腊建筑风格为主体的新古典主义（古典复兴）信仰产生了”（克鲁克香克，2011）。为了区别于巴洛克建筑，新古典主义追求永恒、经典和秩序，希腊神庙成为其推崇的一种艺术形式。希腊神庙的平面与立面都遵循着严格的比例关系，柱式决定了所有建筑构件的尺度与关联，这是一种与理性相结合的艺术。“希腊人尽管未成功地将他们的纪念性建筑进一步推向辉煌，但他们最早将‘优雅’赋予了建筑……激发了‘宏大、高贵、庄严和美的观念’”（马尔格雷夫，2017）。

在外滩的建筑中，不乏从希腊神庙上撷取的细部装饰，但只有台湾银行大楼，在整体上采用了希腊复兴风格，它完整模拟了希腊神庙的立面构图，带山花的门廊和连续柱廊是其中的形式关键。建筑师回到历史的原点去寻找设计出路，试图做出如考古学般精确的古典作品，但当古典外衣所包裹的现代功能需求越来越复杂时，矛盾出现了：希腊神庙是没有对外开窗的，而且在保持最佳比例的前提下，其高度也是有限的；但是，现代办公空间不可能完全摒弃自然采光，而在外滩这样寸土寸金的地段，使用功能的多样化使得建筑往高处发展成为必然的选择。于是在这栋楼里，我们看到了被挤扁而缺乏存在感的柱廊，穿破檐口的“多余”楼层，以及飘升在高空中的山花……台湾银行的形体设计无疑是一个有勇气的尝试。然而，毋庸置疑的是，程式化的古典建筑样式日益凸显的“衣不蔽体”的困窘，意味着变革随时都会到来。

抗日战争胜利后，这栋楼曾划归中国农民银行使用；上海解放后，这里是中国人民银行上海分行合作储蓄部；1955 年后，这栋楼在很长一段时间里归上海市工艺品进出口公司使用，所以一度被人称为“工艺大楼”。

❶ 建筑东立面是贯通两层的圆柱柱廊，南立面为方形壁柱，均为几何化的混合式柱式。

❷ 为了消解高度对形式的影响，在建筑立面上设计了多条分层线脚，似乎是对希腊神庙完整檐部进行的拆解。

❸ 古希腊神庙常设 3 级台阶，到了古罗马时代，神庙开始建在加高的基座上。这栋建筑采用了古罗马神庙的做法，但碍于用地限制，将主入口台阶内嵌于柱廊内。

❹ 象征希腊神庙山花的多重折线线脚。

❺ 整栋建筑外立面的装饰性元素较少。这是二层窗台下的回纹饰。

❻ 墙面镶板上的图案融合了一些日本的装饰元素。

2
4
2
2
5
6
1
1
3

21

悠远的钟声

江海关大楼（Customs House）

地址：中山东一路 13 号

建成时间：1927 年

设计：公和洋行

1843 年末，身兼江南海关监督的苏松太兵备道、上海道台宫慕久，在黄浦江与洋泾浜交汇口北岸设西洋商船盘验所，随后圈定汉口路南侧约 20 余亩（超 1.3 公顷）地为“盘验所地基”，筹建未来的“洋关”。由于旧有的江海关位于南面的新开河外滩，所以此地就有了“江海北关”“北新关”“海关”“江海关”等诸多称谓。1857 年，第一代两层“中国衙署式”的江海关小楼落成并开业。1893 年，发展壮大后的第二代江海关大楼落成，受到英国哥特复兴建筑的影响，造型采用了都铎王朝（1485—1603）的建筑式样，并在主楼中央竖起一座高 33.5 米的钟楼，这是上海第一个公共钟楼。自此，钟楼成为江海关大楼的“标配”。1925 年，第三代江海关大楼在原址破土动工，并于 1927 年 12 月 19 日正式落成。新楼高 9 层，钟楼顶距地高度为 76.2 米，立时刷新外滩最高建筑纪录。

江海关大楼是外滩建筑风格从古典走向现代的标志性转折点。尽管建筑底层仍然遵循着严谨的古典形式法则，但在上部形体的处理上，层层递进的立方体量塑造出钟塔特有的稳重和高耸，预示着装饰艺术派[59]风格的到来。三代江海关大楼，是近代上海建筑风格发展变迁的极为生动的案例。

该楼与毗邻的汇丰银行大楼一起，以一纵一横的立面构图，完美摆平了高与低、宽与狭的协调关系，成为整个外滩的视觉中心。日本的《新建筑》——世界著名的建筑杂志，曾在 1999 年发行了一期回顾 20 世纪建筑的专辑，上海的汇丰银行大楼和江海关大楼就名列其中，可见评价之高。

在大楼顶部设置的一座被称为“大清”的时钟，其敲击声几里内可闻，因而当之不愧地成为外滩特有的“声音标志物”。曾任《良友画报》主编的梁得所在《上海的鸟瞰》一文的开篇道：“申江的潮流，四时不停地滔荡于黄浦滩边，大小轮船像马路上行人一般来往不绝，汽笛的声音，也就一高一低，忽远忽近地相呼应，加上江海关布告时刻的钟鸣，一切复杂的声浪，把空气撼动了。”

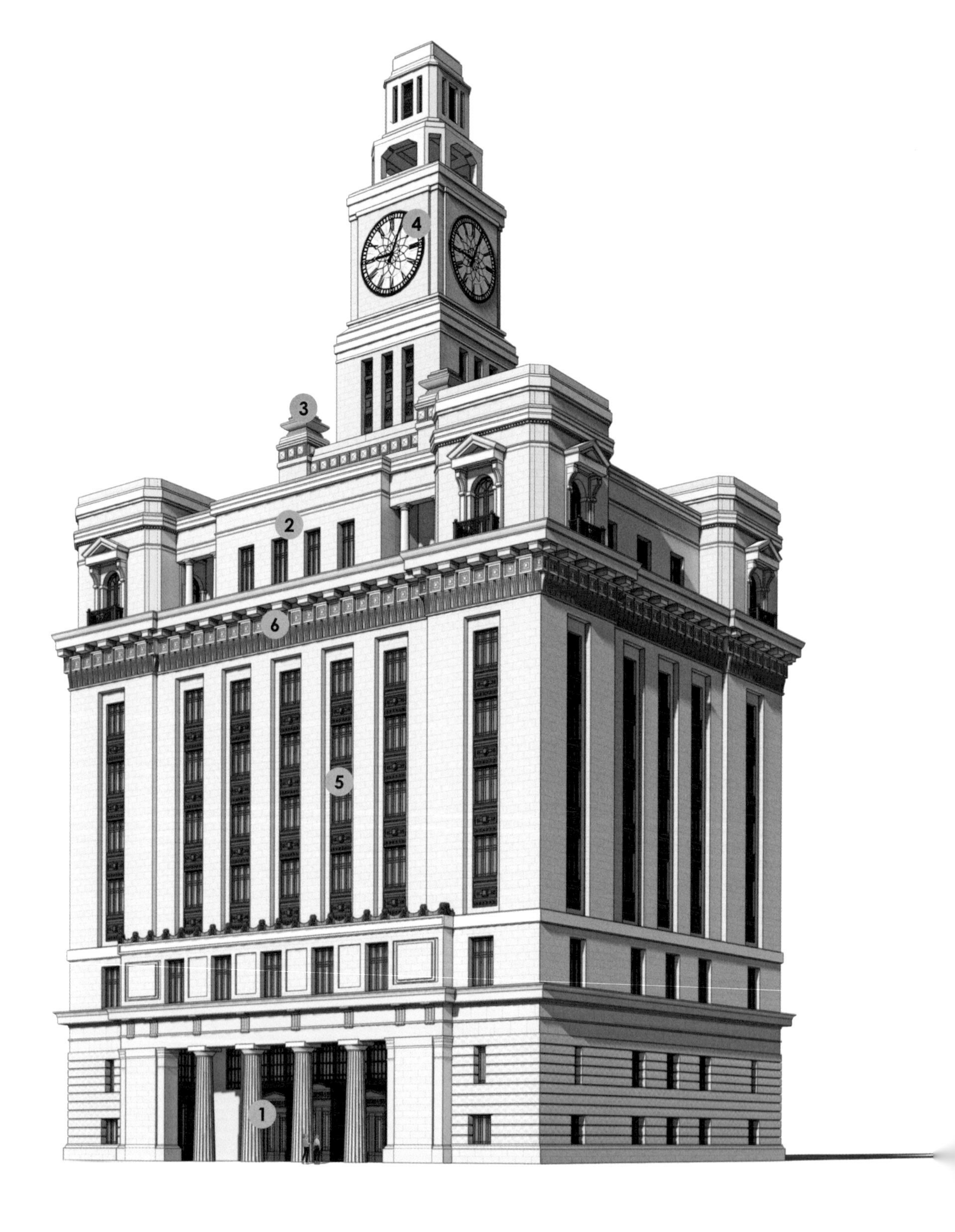
4
3
2
6
5
1

在江海关大楼时钟启用后，由于上海英文报纸的大肆渲染，1928 年 1 月，泰勒铸钟厂（Taylor Bell Foundry）收到了一份“意外的”订单——为美国耶鲁大学校园铸造一套铜钟，其重量、音质要和江海关时钟完全一样。

❶ 江海关大楼沿江立面入口采用希腊古典复兴风格，4 根多立克柱式，柱身收分明显，柱槽比例精确，严格依照希腊神庙的标准制作。

❷ 建筑形态变化丰富。顶层内收，在协调整体韵律感的基础上，利用窗和墙面，打造出与中间楼层不一样的立面虚实关系。

❸ 层层收进的中央钟塔周边有 4 个小塔，整体平面布局与中国传统的金刚宝座塔[60]相仿。

❹ 钟面上的紫铜制分针长 3.16 米，重 60 千克，时针长 2.5 米，重 36 千克。钟内有 3 个钟摆，最大的重达 2 吨。时钟每周需要上发条 3 次，每次要 4 人通力合作 1 小时左右才能完成。

❺ 深色的窗下饰板与开窗一起形成建筑中段立面的竖向条带，这是装饰艺术派建筑的“标准”做法。

❻ 高高的建筑檐部，用多种矩形块组成的图案以装饰艺术派手法挣脱了古典形式的羁绊。

22

绿色金字塔

沙逊大厦（Sassoon House）

地址：中山东一路 20 号

建成时间：1929 年

设计：公和洋行

1844 年，英商义记洋行（Holliday，Wise & Co.）以每亩白银 42 两的价格在外滩购地 15 亩（1 公顷）建楼。1877 年，新沙逊洋行（E. D. Sassoon Co.）购入其中的 11.892 亩（约 0.79 公顷）地以及地上老楼，共计白银 8 万两。1933 年，根据房地产发展状况，工部局对该地块的估价为每亩 360 000 两——89 年间，地价上涨了 8571 倍，这里是当时上海最昂贵的地块。新沙逊洋行曾拥有 20 号、21 号两栋 3 层楼房，1926 年，翻建新楼，后废弃 21 号，只使用 20 号门牌。1929 年 9 月 5 日，沙逊大厦落成，这是上海第一栋真正意义上的 10 层以上的建筑（江海关大楼虽然包括钟楼有 11 层，但实际可使用部分为 9 层）。这栋总高 75.7 米的庞然大物头顶是一座高达 19 米的金字塔形高塔，夸张而富有装饰感的造型，标志着上海建筑 正步入“摩天化”与“摩登化”相结合的道路。

由于善于将历史上的各种风格元素，在进行抽象、变形和几何化之后，再次组成具有强烈装饰效果的细节，装饰艺术派将“摩登”的味道发挥得淋漓尽致。有趣的是，这些装饰不只是古典图案的再创造，有时甚至还掺杂着对轰动性流行事件的再诠释，例如 1922 年，在英国考古学家卡特（Howard Carter）挖掘出古代埃及法老图坦卡蒙（Tutankhamun）的陵墓从而引发全世界对埃及的强烈兴趣后，金字塔、方尖碑造型就成为时髦而流行的几何元素。沙逊大厦屋顶的金字塔形高塔正是追赶这股潮流的见证。与外滩各种复古建筑样式不同的是，装饰艺术派打造出的“摩登”建筑，作为新的身份象征，其形式“不再一味强调殖民势力，它更意味着金钱与财富”（李欧梵，2017）。上海的建筑风尚发生了彻底的转化。

从这栋楼开始，维克多 · 沙逊（Elias Victor Sassoon）掌管的新沙逊洋行在上海领导了大建高层建筑之风。在 1929—1938 年这短短十年里，上海建成的 10 层以上高楼超过 30 栋，其中属于新沙逊洋行的房产就占 5 栋（沙逊大厦、都城饭店、汉弥尔登大厦、华懋公寓、格林文纳公寓）。在近代上海的房地产商中，无论是土地面积、房屋面积，还是高层建筑数量，新沙逊洋行均排名第一，维克多 · 沙逊也因此被称作沪上的“房地产大王”。“可以说，你的船还没有在上海下锚，老远就看见了他。他所在的沙逊大厦黑色尖塔已成了上海门面的主要标牌，这或许是唯一的案例，一个人与他的城市天际线浑然一体了”（霍塞，2019）。

该楼的4—9层曾为当时上海最豪华饭店——华懋饭店（Cathay Hotel），因高规格的服务接待和设有中国、英国、法国、日本、印度等9个国家不同风格的顶级套房而轰动一时。

❶ 金字塔形高塔屋顶采用墨绿色紫铜皮覆盖，檐口和屋脊为红色，这种对比色的运用在外滩很独特。

❷ 沙逊大厦体量狭长，通过对窗户的组织，特意强调立面上的竖向线条，以烘托建筑高耸的势态。

❸ 窗户上方以及金字塔形高塔基座檐口处的猎狗纹样装饰，取自沙逊家族的族徽。

❹ 在沙逊大厦的檐口、腰线、阳台和门窗等部位，仍然能够看到各种古典的装饰元素。

❺ 既是沿江立面也是整个建筑上唯一的一处阳台，供沙逊专用。与其说是建筑装饰，不如说是一种特权独尊的“私人标记”。

1
3
4
5
2
4
3
4

中國銀行
行 BANK

23

中国意象

中国银行大楼（Bank of China Building）

地址：中山东一路 23 号

建成时间：1937 年

设计：公和洋行、陆谦受

这里原是租界里被标记为“3 号”的地块，业主是在外滩地段有许多地产的仁记洋行（Gibb，Livingston & Co.）。由于该洋行的资深权重，3 号地块一侧的马路曾被命名为“仁记路”（今滇池路），以洋行名作为城市道路名，这在外滩地区还是首例。大约在 1900 年，这块地几经转手后，被上海德侨社团——康科迪亚总会（Club Concordia）买进，而 1907 年在其上建成的德国总会是一栋具有浓厚德国文艺复兴风格的建筑。随着第一次世界大战战火的持续，1917 年 8 月，中国正式对德宣战，德国总会被关闭。中国银行于 1919 年买进该处地产，并于 1923 年 2 月正式迁入。1934 年，由于原建筑不再满足银行的功能使用需求，中国银行决定拆旧建新。然而，身陷抗日战争时期，1937 年落成的中国银行大楼，一直拖延到 1946 年才正式被启用。

由建筑师绘制的中国银行大楼设计效果图被刊登在 1935 年第 1 期的《建筑月刊》中，当时计划中的中国银行大楼，有两栋 34 层的塔楼，并将以超 100 米的高度，创下外滩建筑高度的新纪录，成为“First Skyscraper to Dominate the Shanghai Bund”（统领外滩的第一摩天大楼）。然而，最终建成的大楼由一栋 17 层高的塔楼和 6 层高的裙房组成，建筑高度略低于毗邻的沙逊大厦。很快，一种传言在沪上不胫而走——沙逊不愿被别人抢了外滩第一高楼的名头，于是暗中施压，逼迫中国银行修改设计方案，“腰斩”了高度。

20 世纪 30 年代，装饰艺术派设计在上海大放异彩，之所以能受到广泛欢迎，一个重要的原因是其具有文化上的包容性和多样性：可以吸收各种图案进行转化，并非常自由地使用；既能以摩登的形式表现工业文明和现代感，也可以结合当地文化，表达传统内容。中国银行大楼就是此类建筑设计中的典范。

中国银行大楼以竖向的线条装饰和层层退台的体块构成，相比沙逊大厦，在形体变化和细节设计上，都更为简化和集中。大楼立面上的装饰极具特色，檐口下的石质斗拱[61]、琉璃瓦[62]覆盖的攒尖顶[63]、镂空的花格窗、带有吉祥图案的石雕等，赋予建筑强烈的“中国意象”。这种基于中国传统文化的现代性探索，正是在当时的政治时局下，蓬勃发展的民族复兴思想在建筑设计上的体现。

中国银行大楼是外滩唯一一栋具有中国传统建筑特色的高层建筑，也是外滩唯一一栋有中国建筑师参与设计的大楼。它凭借鲜明、独特的造型与风格成为上海民族资产阶级与西方金融集团相抗衡的城市象征。

❶ 由于地块狭长，中国银行大楼沿滇池路的立面长达160米，是外滩拥有“最长立面”的建筑，而大楼的沿江立面宽度仅28米。

❷ 建筑上部形体不断向内退台收缩，这是装饰艺术派的典型做法。

❸ 大楼立面上对“三门”“五窗”“九级台阶”等建筑元素的强调，暗含中国传统文化中对单数的讲究。

❹ 主入口上方的孔子周游列国石雕曾在“文化大革命”中被毁，在2006年的修缮工程中得以恢复。

❺ 大楼屋顶和建筑主体之间缺少必要的设计处理和过渡，因此二者交接处略显简陋，而主体向上伸展的姿态也似乎未尽全貌。

中国银行的前身是1905年成立的户部银行，它是清政府的“国家银行”，1908年更名为“大清银行”；中华民国成立后，大清银行“商股联合会”建议“就原有之大清银行改为中国银行，重新组织，作为政府的中央银行”。经孙中山先生批准，1912年2月5日，中国银行在上海汉口路3号（今汉口路50号）大清银行旧址庆祝成立，并正式营业。

5
2
4
3

24

压台秀

交通银行大楼（Bank of Communications Building）

地址：中山东一路 14 号

建成时间：1948 年

设计：鸿达洋行

19 世纪 80 年代，德华银行（Deutsch-Asiatische Bank）在此地块上兴建了一栋文艺复兴风格的 4 层大楼。1917 年，中国加入第一次世界大战的协约国阵营，对德宣战，工部局随即查封了上海德华银行。之后，该地产易主交通银行上海分行；1928 年，交通银行总行迁入此处；1937 年，银行决定拆旧建新，但因战局动荡一直未开工；1946 年，几经修改的建筑设计方案终于进入了破土动工的实施阶段。1948 年 10 月，交通银行大楼建成，并投入使用；1951 年，交通银行总部迁至北京，此楼交由上海市总工会使用。由此可见，这栋大楼真正归属银行使用的时间其实非常短暂，而作为“外滩建筑群”中最后落成的一员，它昭示着外滩将挥别过去，迎接新生。

如果说 1929 年建成的沙逊大厦标志着上海开始全面走向装饰艺术派建筑风格，经过 20 世纪 30 年代的辉煌，到了 40 年代，装饰艺术派已经走向风格的晚期。在交通银行大楼上，古典样式的痕迹已经完全消失，建筑语言不再依靠对历史的采撷和联想来产生意义。简洁的几何体量、动态的竖向线条、阶梯状的顶部造型、向上的整体感，这些都与历史无关，着力表现的是力量和速度，折射出机械时代和工业社会的乐观精神。从 1845 年英租界开辟到 1943 年租界收归，外滩的社会定位和文化角色，已经从曾经的殖民统治象征转化为人民城市的金融商务中心。各种源自西方的建筑风格的出现和嬗变，改变了外滩的城市空间，使这里成为上海“十里洋场”最为绚丽的焦点所在，而交通银行大楼就是这场“百年秀”的最后出场者。

什么是“风格”？早在 18 世纪，著名的法国建筑师雅克－弗朗索瓦·布朗德尔（Jacques-François Blondel）将“风格”的概念第一次运用于建筑理论中，用它来指建筑物可以表达出的多种多样的“性格”。19 世纪，瑞士建筑历史学家海因里希·沃尔夫林（Heinrich Wölfflin）用形式分析方法对风格问题做了宏观比较和微观研究，让建筑“风格”成为一个为人普遍接受的理念。建筑产生的背景极其广阔，同时它们也被极其广泛的个体所塑造，尤其是在人类的主观情感参与下，建筑的多样性事实，并非风格的框架所能涵盖，但从 19 世纪起，建筑师已经开始认真考虑设计中的“风格”选择问题，这对于上海外滩也不例外。从早期搬用殖民地外廊式，到后来选择多种西方流行的古典复兴风格形成竞争，再到装饰艺术派的兴起与发展，风格昭示着时代的变迁。简而言之，“风格的历史就是审美情趣的历史，同时也是人的感性对当时重大事件的反应的历史”（杜歇，2003）。

设计这栋楼的是匈牙利建筑师鸿达（Charles Henry Gonda），他在上海的设计作品还有新新公司（南京东路 720 号，1926 年建成）、东亚银行（四川中路 299 号，1927 年建成）、光陆大楼（虎丘路 146 号，1928 年建成）、国泰大戏院（淮海中路 870 号，1931 年建成）等。

❶ 交通银行大楼沿江立面顶层的中间部分又加高两层，呈塔状造型，立面两端的角部略微升高，形成立面的“山”字形构图。

❷ 大楼仅在底层使用石材，底层以上墙面为水泥粉刷，这是非常经济的做法。

❸ 主入口大门上方的金属格栅体现了装饰艺术派设计精致的一面。

❹ 交通银行大楼非常注重窗间墙的设计：以高低起伏的竖向线条丰富立面细部，打造出建筑整体的雕塑感；为了协调窗户形式的统一，窗间墙随着开间的不同而变化，打造出立面丰富多变的韵律感。

❺ 建筑转角以多重转折，营造出丰富的视觉变化。

1
4
3
2

名词解释

[1] 殖民地外廊式建筑风格

建筑在一个或多个面上布置外廊，立面采用拱廊或柱廊的形式。这种建筑形式来自英国在印度、东南亚等殖民地建造的建筑样式，所以也被称作“英国殖民地式”。这是一种东、西方建筑样式的折中。外廊本是为适应热带气候而创造的一种形式，因此并不适合上海，20 世纪之后，上海的殖民地外廊式建筑逐渐消失。

[2] 拱廊

由一系列柱子支承着连续拱券形成的廊道，也称为“连券廊”。

[3] 文艺复兴建筑风格

这种建筑风格形成于 15 世纪意大利的佛罗伦萨；自 16 世纪起，此风格以罗马为中心进入盛期，并在整个欧洲流行。文艺复兴建筑以人文主义思想为指导，通过研究古罗马遗迹，提出复兴古希腊、古罗马时代的建筑风格，以取代象征神权的中世纪哥特建筑。在设计上追求均衡、稳定、理性，把“比例”作为建筑的核心问题。在类型上摆脱了中世纪宗教建筑的束缚，让宫殿、府邸、市政厅等各种世俗建筑得到了全新的发展。

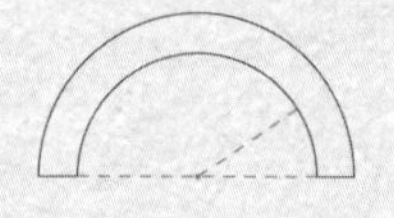

[4] 半圆形券

券是一种拱形（或称“弧形”）的承重结构。半圆形券的形状刚好是一个正圆形的一半，也称为“罗马券”。此外，拱券有三心券、尖券、心形券等多种样式。

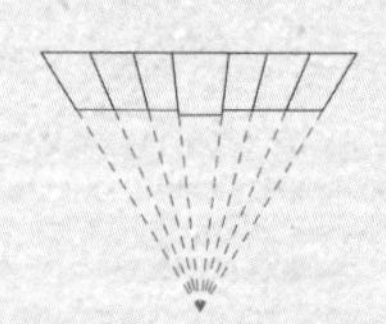

[5] 平券

由砌块砌筑的顶面和底面都呈平直状的券，通常用作门窗洞口的过梁。

[6] 拱顶石

也称“券心石”或“锁石”，是拱券顶部正中的那块楔形石块，在实际建造中，它被最后嵌入，是稳固拱券结构的关键。

[7] 哥特复兴建筑

这是 18 世纪中叶在英国兴起，19 世纪 30—70 年代得到蓬勃发展的一种建筑风格。受到浪漫主义思想的影响，哥特复兴建筑试图唤起人们对中世纪艺术的美好回忆与求索，从哥特建筑中提取包括尖券、雉堞、不规则烟囱、花格窗、拱檐线脚、塔楼等细部作为创作元素。

在英国，这种风格也被称为“维多利亚哥特”或“新哥特”。

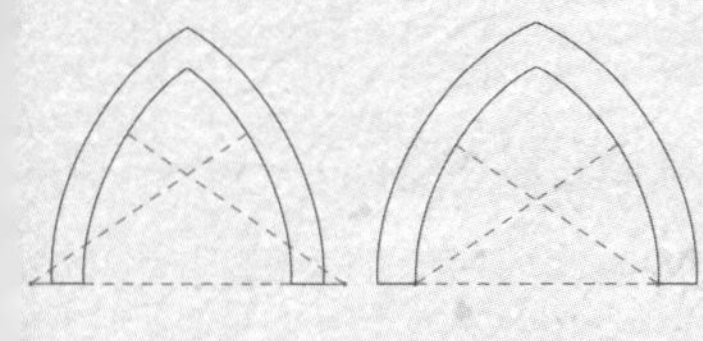

[8] 尖券

由两条交叉曲线形成的拱券，券顶呈尖角，流行于 12 世纪。与半圆形券相比，尖券在视觉上更加轻盈，同时在结构上也更加坚固，是哥特建筑的标志性特征之一。

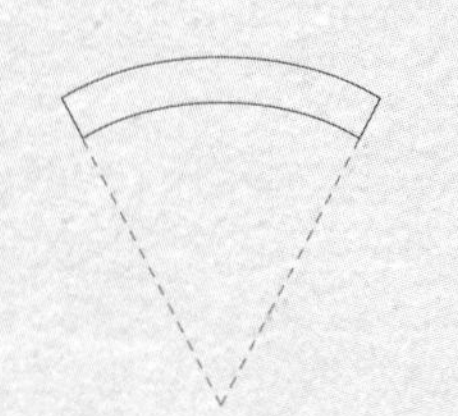

[9] 弓形券

拱券的一种，其曲线是半圆形的一部分，券圆心低于拱底座。

[10] 哥特建筑

这种建筑风格流行于 11 世纪末至 16 世纪中叶的欧洲，起源于法国。哥特建筑的标志性特征包括尖券、束柱、飞扶壁、肋拱、彩色玻璃窗等。“哥特”一词曾被用于特指参与覆灭古罗马的日耳曼“蛮族”之一。在文艺复兴运动时期，提倡复兴古罗马文化，因此对当时流行的反古罗马建筑风格持否定态度，称之为“哥特”加以贬斥。

[11] 科林斯柱式

所谓“柱式”是西方古典建筑中柱子、柱上檐部和柱下基座的固定组合模式。常用的五种古典柱式包括古希腊人发明的多立克柱式、爱奥尼柱式和科林斯柱式，以及古罗马人改进的混合式柱式和塔斯干柱式。柱式虽然诞生于古希腊、古罗马时代，但是把它们总结成为建筑理论，却是在文艺复兴时期。柱式的运用决定了建筑的不同风格。科林斯柱式作为古典五柱式之一，其典型特征是柱头用两层莨苕叶做装饰，像是盛满叶子的花篮。

[12] 清水砖墙

一种砖墙砌筑方法。在砖墙面砌成后，只修饰砖间的勾缝，不做其他面层。相对于外表抹灰的混水砖墙，清水砖墙对砖的质量、施工精度都有更高要求，拥有素雅的外观效果。

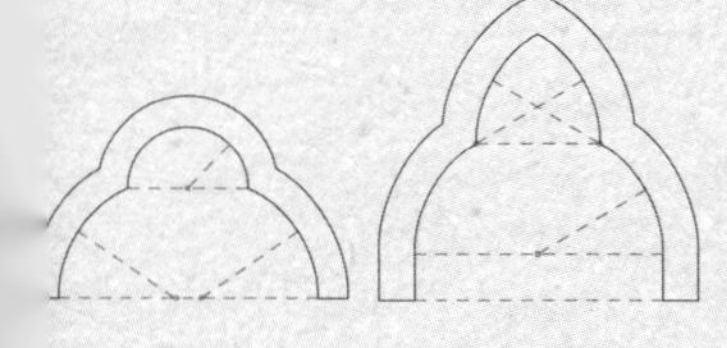

[13] 三叶形券

一种三心券，中间曲线的中心高于券底座层，形成三个显著的弧形或叶形。

[14] 三段式

一种构图方式。西方古典式建筑的立面常在水平向、竖直向鲜明地分成不同的三段，从而形成立面上的变化和韵律。

[15] 基座

柱式、雕塑、纪念碑、建筑等下部有加固、承重和保护作用的部分。在西方古典式建筑中，基座通常由座帽、座身和座础三部分组成，而现代建筑中的基座则比较简化。

[16] 双柱

将两根独立柱或壁柱距离非常近地设置在一处，通常是为了产生更加强烈的视觉效果。

[17] 山花

在西方古典建筑中，正立面檐部上方的三角形墙面，被称为“山花”，是建筑重点的装饰部位。后世，山花还被广泛应用在门、窗、壁龛等的上方部位。在巴洛克时代，山花的形状除了三角形之外，还出现了圆弧形、断裂的三角形等各种复杂的形状。

[18] 檐壁

西方古典式建筑的檐部从上到下分为三部分。最上方为檐口（cornice），中间是檐壁（frieze），最下方是额枋（architrave）。檐壁高度较高，经常用浅浮雕加以装饰，是檐部中最华丽的部位。

[19] 塔斯干柱式

“古典五柱式”之一，形成于古罗马时期，其典型特征是柱身浑圆无槽，其柱头和檐部除线脚外没有其他装饰物，是柱式中细节刻画最少的。

[20] 巨柱式

当柱式高度通达建筑的多个楼层时，被称为“巨柱式”。

[21] 古典主义建筑

指运用经典古希腊、古罗马、文艺复兴建筑样式和古典柱式的建筑，17—18 世纪主要流行于法国，后影响到其他国家和地区。这种建筑思潮以唯理论哲学为基础，体现绝对君权思想，排斥地域特色，追求完整的三段式构图和简洁单纯的几何轮廓，突出轴线，讲求对称，有节制地使用装饰构件，并刻意表现“纯正的”古典细部。

[22] 钢骨混凝土结构

在钢梁柱外面包混凝土的一种建筑结构形式。

[23] 饰面砖

不起结构或围护作用，仅作为建筑表面装饰的瓷砖或砖片，对墙体有一定的保护作用。现代饰面砖在保温、隔热、自洁和隔音等方面都有了长足发展。

[24] 像座

最早出现在古希腊神庙上，位于山花的顶部与下角，包括雕刻及其底座，统称为像座（acroteria，也译为“阿克特柔”）。造型通常为水瓮、棕叶丛或雕像。

[25] 巴洛克风格

17—18 世纪流行于欧洲的一种艺术风格，最早出现于意大利。“巴洛克”原意是“形状怪异的珍珠”——18 世纪崇尚古典艺术的人用该词对这种时髦艺术风尚进行讥讽。巴洛克风格的建筑擅长使用曲线、变形、装饰与鲜明的色彩，追求自由、动态、神秘与富丽的视觉效果，为建筑设计开辟了新领域，对后世影响颇大。

[26] 爱奥尼柱式

“古典五柱式”之一，起源于希腊爱奥尼地区。该柱式比例修长，象征着女性的柔美，其典型特征是柱头上有精巧的对称涡卷，柱身有圆弧形凹槽。

[27] 穹顶

可以覆盖圆形、椭圆形或多边形平面的半球形结构，是一种材料利用率高、抗压能力强、结构跨度大的建筑结构体系。

[28] 牛眼窗

这个词来源于拉丁语中的“眼睛”（oculus），指代建筑上所有圆形的窗。这种形式最早出现于罗马帝国时期，在巴洛克风格建筑中，牛眼窗往往被压缩成卵形和椭圆形。

[29] 鼓座

位于穹顶下方的一段圆柱形或多边形墙体。鼓座可以让穹顶显得更挺拔，同时，其墙面上可以设窗，为室内引入光线。

[30] 帕拉第奥母题

一种中间拱券 + 两侧平券的构图形式，来自 16 世纪意大利文艺复兴大师帕拉第奥设计的一种券柱式围廊。

[31] 新艺术运动

19 世纪末至 20 世纪初遍及欧美的一场探索装饰艺术新风格的运动。新艺术运动与学院派艺术针锋相对，并为之后装饰艺术派（Art Deco）的形成起到重要铺垫作用。这种风格最显著的特点是使用优美的带有流动感的有机形态，如鲜花、藤蔓、卷曲的叶子等。新艺术运动在很大程度上只停留在形式革新的层面。

[32] 雉堞

一种顶端呈现有规律锯齿状的护墙。凸出的墙垛被称作“城齿”，城齿之间的凹口被称作“垛口”。雉堞用于城堡或者城墙防御中的反击和掩蔽，后演变为建筑立面上的纯装饰性元素。

[33] 女儿墙

在平屋顶建筑中，露出屋面以上的那部分墙体被称为“女儿墙”。女儿墙有挡水和维护安全的作用，有时也根据设计做出多种造型，如镂空型、城垛型等。

[34] 安妮女王复兴风格

19 世纪 60 年代至 20 世纪初流行于英国的一种艺术风格，吸取安妮女王（Queen Anne，1702—1714 年在位）时代朴素的住宅样式，发展出丰富的清水红砖墙的处理手法，通过出挑的体块、华丽的砖雕饰、醒目的山墙和塔楼等元素打造建筑立面。这种风格建筑的典型特征有：白色的凸肚窗、带涡卷的弧形山墙、陡峭的坡屋顶、定型的砖或陶瓦制品等。

[35] 叠涩

一种砌筑方法，用石、砖、木等材料一层层向外挑出，用以支撑上部的重量。

[36] 筏形基础

一种像水中筏子一样的整体性建筑基础。通常由梁和底板组成，适用于地基承载力较弱或不均匀的区域。

[37] 垂花饰

建筑立面上的一种装饰，造型通常为弓形或曲线形状，以花环、水果或布匹、缎带等为表现主题。

[38] 花环饰

花环常与特殊的庆祝活动相联系，是荣誉的标志。由花和叶组成的花环是西方古典风格建筑中常用的装饰样式。

[39] 古典复兴建筑

这是18世纪60年代到19世纪在欧美国家流行的一种学院派建筑思潮。这种思潮受到启蒙运动的影响，认为当时流行的巴洛克建筑和洛可可风格缺乏创造性，呼吁在建筑中体现理性主义思想。古典建筑成为这种思潮的灵感来源。古典复兴建筑师一方面注重对古希腊建筑细部的精确考证，另一方面试图用纯粹的古典风格来展示当时君主统治下的强盛和荣耀，因此古典复兴在欧美主要体现在国家大型公共建筑和纪念性建筑上。

[40] 方尖碑

古埃及的石质纪念碑，碑身为挺拔修长的方柱，碑顶为金字塔般的四棱锥。

[41] 壁龛

墙面上设置的内凹处，有的用来放置雕像或其他装饰物，有的只用来增加墙面变化。

[42] 多立克柱式

“古典五柱式”之一，源于古希腊，是所有柱式的基础。相较爱奥尼柱式，多立克柱式粗壮，是男性的代表。其典型特征是檐壁由一列相互交替的三陇板与陇间壁组成；檐口使用齿饰或托檐石；柱身有凹槽，但没有柱础。及至古罗马时期，多立克柱式通常柱身无凹槽，但有柱础。

[43] 框架结构

以梁和柱为主要构件、刚性连接成框架、用以承受建筑荷载的结构。

[44] 柱廊

由以一定间隔排列并在檐部连接一体的一排或几排柱子形成的空间。柱廊可以是独立的结构，也可以是建筑的一个组成部分。

[45] 水刷石

一种外墙面的施工工艺。将骨料（石子或石屑）与水泥 + 水拌和，抹在建筑物的表面，在水泥尚未完全凝固前，用刷子刷去表面的水泥浆，使骨料半露，形成一种粗糙的质感，这种做法又称“汰石子”。

[46] 孟莎式屋顶

双折斜坡的四坡屋顶，下部坡度比上部坡度更陡。屋顶上通常设老虎窗，顶层阁楼空间宽敞。这种典型的法国设计由于建筑师弗朗索瓦·芒萨尔（François Mansart，1598—1666）的成功使用而闻名。

[47] 粗琢

一种石材加工工艺。石材表面被雕琢成粗糙、不规则的状态，同时使周边（石间接缝处）整齐内凹且平滑，以此凸显石块的体积感。

[48] 核心筒

在建筑内部，集中一块区域，墙面采用钢筋混凝土浇筑形成的一个竖向贯通各楼层的筒状结构体，其内部通常设置电梯、卫生间、设备间和管井等功能。核心筒有利于建筑的整体受力和抗震，也使交通流线更加快捷、明晰。

[49] 托檐石

指在多立克柱式檐口底部突出的长方形石块，有时其底面是倾斜的，其样式源于木结构建筑中的梁头。

[50] 三陇板

一种带有凹槽的块状装饰性构件，是多立克柱式檐壁的特征，源自保护木结构梁头免受风雨侵蚀的饰面板。

[51] 凸肚窗

凸窗的一种，常见于建筑中间段，由于底层不落地，看起来像建筑凸在外面的“肚子”，由此得名。凸肚窗可以将室内的空间向外延展，从而获得更好的光线和视野，也是立面上很显眼的造型元素。

[52] 筒形拱

形似以一劈为二的竹筒状物覆顶的建筑结构。

[53] 方格镶板

以方格网状龙骨 + 底板的做法，使天花表面呈现为一系列规整的内凹方格的装饰样式。

[54] 棕叶饰

一种叶片外卷、模仿扇形棕榈叶的装饰样式。

[55] 混合式柱式

“古典五柱式”之一，形成于古罗马时期，结合使用爱奥尼柱式的涡卷和科林斯柱式的莨菪叶饰，是装饰性最强的一种柱式。

[56] 莨菪叶饰

一种装饰纹样，仿照地中海沿岸常见的莨菪（acanthus）叶片，其特征是叶片很大且边缘不规则。在西方古典装饰使用的自然纹样中，最常见的就是莨菪叶饰，它是科林斯柱式和混合式柱式中柱头部分的特有装饰，也可以单独或结合其他纹样用于线脚、镶板等部位。

[57] 阿特兰特

常作为柱子或牛腿承托的男性雕像，来源于古希腊神话中力大无比的巨神阿特拉斯（Atlas）。罗马人称之为“特拉蒙”(Telamon)。

[58] 齿饰

通常在西方古典建筑檐口底面上雕刻的重复排列的方形小块体装饰，很像一排牙齿，因而得名。

[59] 装饰艺术派

也称为“装饰艺术风格”或“摩登风格”等，是自 20 世纪 20 年代起流行于欧美的一种艺术风潮。它从历史上各个时期的经典图像中提取元素，以洗练的手法加以几何化重塑。在时间上，装饰艺术派建筑与现代主义建筑同时，但无后者那种对社会或道德的探讨，只是一种纯粹感官意义上的创新。

[60] 金刚宝座塔

中国古代佛塔的一种，其特征是在高大的基座上竖立五座塔——大塔居中，小塔分列四隅，象征佛教密宗的金刚界五方佛。

[61] 斗拱

中国传统建筑特有的一种木制构件，由一些斗形、拱形构件及枋木组成，位于建筑檐下或梁架间。宋代称之为“铺作”；清代，北方官式建筑中的斗拱，又别称为“斗科”，在南方常称之为“牌科”。

[62] 琉璃瓦

中国传统建筑瓦件的一种。以陶土为坯，经上釉焙烧而成。在北魏时期已经开始生产，有黄、绿、蓝、黑等颜色。

[63] 攒尖顶

中国传统建筑屋顶形式之一，多条屋脊斜向交汇于屋顶一点，以宝顶收头。

参考文献

【1】《上海租界志》编纂委员会, 2001. 上海租界志. 上海: 上海社会科学院出版社.

【2】白吉尔, 2014. 上海史: 走向现代之路. 王菊, 赵念国, 译. 上海: 上海社会科学院出版社.

【3】鲍威尔, 2010. 我在中国二十五年——《密勒氏评论报》主编鲍威尔回忆录. 邢建榕, 薛明扬, 徐跃, 译. 上海: 上海书店出版社.

【4】布里赛, 2014. 上海: 东方的巴黎. 刘志远, 译. 上海: 上海远东出版社.

【5】杜歇, 2003. 风格的特征. 司徒双, 完永祥, 译. 北京: 生活·读书·新知三联书店.

【6】格伦迪宁, 2013. 迷失的建筑帝国: 现代主义建筑的辉煌与悲剧. 朱珠, 译. 北京: 中国建筑工业出版社.

【7】胡祥翰, 李维清, 等, 1989. 上海小志 上海乡土志 夷患备尝记. 上海: 上海古籍出版社.

【8】葛元煕, 黄式权, 等, 1989. 沪游杂记 淞南梦影录 沪游梦影. 上海: 上海古籍出版社.

【9】霍塞, 2019. 出卖上海滩. 周育民, 译. 上海: 上海书店出版社.

【10】克里斯琴, 2020. 光之城: 巴黎重建与现代大都会的诞生. 黄华青, 译. 北京: 北京燕山出版社.

【11】克鲁克香克, 2011. 弗莱彻建筑史. 郑时龄, 支文军, 等, 译. 北京: 知识产权出版社.

【12】库寿龄, 2020. 上海史(第二卷). 朱华, 译. 上海: 上海书店出版社.

【13】赖德霖, 伍江, 徐苏斌, 2016. 中国近代建筑史. 北京: 中国建筑工业出版社.

【14】兰宁, 库寿龄, 2020. 上海史(第一卷). 朱华, 译. 上海: 上海书店出版社.

【15】李欧梵, 2017. 上海摩登: 一种新都市文化在中国(1930—1945). 毛尖, 译. 杭州: 浙江大学出版社.

【16】马长林, 2005. 老上海行名辞典 1880—1941. 上海: 上海古籍出版社.

【17】马长林, 黎霞, 等, 2011. 上海公共租界城市管理研究. 上海: 中西书局.

【18】马尔格雷夫, 2017. 现代建筑理论的历史(1673—1968). 陈平, 译. 北京: 北京大学出版社.

【19】梅朋, 傅立德, 1983. 上海法租界史. 倪静兰, 译. 上海: 上海译文出版社.

【20】墨菲, 1986. 上海——现代中国的钥匙. 上海社会科学院历史研究所, 编译. 上海: 上海人民出版社.

【21】钱宗灏，陈正书，等，2005. 百年回望：上海外滩建筑与景观的历史变迁 . 上海：上海科学技术出版社 .

【22】裘昔司，2012. 晚清上海史 . 孙川华，译 . 上海：上海社会科学院出版社 .

【23】上海市黄浦区人民政府，1989. 上海市黄浦区地名志 . 上海：上海社会科学院出版社 .

【24】上海市黄浦区志编纂委员会，1996. 黄浦区志 . 上海：上海社会科学院出版社 .

【25】斯克鲁顿，2003. 建筑美学 . 刘先觉，译 . 北京：中国建筑工业出版社 .

【26】孙倩，2009. 上海近代城市公共管理制度与空间建设 . 南京：东南大学出版社 .

【27】唐振常，1989. 上海史 . 上海：上海人民出版社 .

【28】王承，2022. 气象万千苏州河 . 上海：同济大学出版社 .

【29】王垂芳，2007. 洋商史——上海：1843—1956. 上海：上海社会科学院出版社 .

【30】王方，2011. “外滩源”研究——上海原英领馆街区及其建筑的时空变迁（1843—1937）. 南京：东南大学出版社 .

【31】王韬，2004. 漫游随录图记 . 济南：山东画报出版社 .

【32】沃尔夫林，2015. 美术史的基本概念：后期艺术风格发展的问题 . 洪天富，范景中，译 . 杭州：中国美术学院出版社 .

【33】伍江，1997. 上海百年建筑史 (1840—1949). 上海：同济大学出版社 .

【34】熊月之，1999. 上海通史（十五卷）. 上海：上海人民出版社 .

【35】许乙弘，2006. Art Deco 的源与流——中西“摩登建筑”关系研究 . 南京：东南大学出版社 .

【36】薛理勇，2002. 外滩的历史和建筑 . 上海：上海社会科学院出版社 .

【37】张仲礼，2014. 近代上海城市研究（1840—1949）. 上海：上海人民出版社 .

【38】郑时龄，2020. 上海近代建筑风格（新版）. 上海：同济大学出版社 .

【39】作者不详，1949. 上海市行号路图录 . 上海：福利营业股份有限公司 .

致谢

在本书资料收集过程中，我得到了上海图书馆、静安区图书馆、杨浦区图书馆、上海市城市建设档案馆、徐家汇藏书楼等单位，以及“方志上海”“黄浦文博”“上海城建档案”“上海老底子”“林山FILM”等公众号的帮助，也在线上得到了诸多朋友的帮助。李铁和我一起做了前期选题工作，朱毅试画了最初的建筑画，薛飞翔给予了很多美术上的指点，胡国超、叶昊星、刘天成帮我整理了部分细节资料。在撰写本书的过程中，邹勋院长、胡佳妮老师、刘寄珂老师给我讲解了历史建筑保护上的诸多技术细节，曹伟老师提供的一些档案资料让我获益匪浅，曾荆玉博士、孙健老师、宋志良老师、黄之庆先生给我提供了资源上的支持和帮助。在此向他们一并表示感谢。

感谢路秉杰教授、常青教授、伍江教授和卢永毅教授在我大学学生生涯中的专业教导，他们对我建筑史观念的形成起到很重要的作用。感谢徐永利教授、刘茜教授和我在学术上的讨论以及在资料上提供的帮助。书中涉及的法语由王瑜同学帮忙多方考证和确认，一并感谢。

同济大学出版社的武蔚编辑在出书过程中鼎力相助，她的专业与周到，让写书和出版的过程非常愉快，这是本人的幸运。感谢美术编辑完颖为本书版面所做的多次调整。感谢蒋卓文老师带领的出版社对外宣传部对本套丛书的大力宣传和推荐。

嘉品事务所的吕峰博士在写书过程中给予了热情支持，与他的探讨总能帮助我加深对上海近代建筑的理解。在技术上，施明妤、马思吉、孟金津、李蕊等给予我热情指点，向他们表示感谢。

本书是在王悦山、宋成波、张采妮、李蕊等建筑师的帮助下完成的。正是他们专业的水准与细致求真的态度让这本书的出版成为可能，在此感谢他们的辛苦付出。

由于本人学识的局限，书中难免有错误或疏漏，希望读者朋友不吝赐教。